天文学シリーズ5

# 銀河の世界

奥山　京

東京図書出版

# まえがき

　ハッブル・ディープ・フィールドとは、ハッブル宇宙望遠鏡による一連の観測結果に基づいた、大熊座の非常に狭い領域の画像である。

　30年前、ハッブル宇宙望遠鏡が、140時間を費やして、宇宙の過去へ、かつてより深くまで覗き込んだ。そして、その結果得た画像が、即座に天文学を変えた。

　ハッブル・ディープ・フィールドは、ハッブル宇宙望遠鏡から出現した、最も象徴的な画像の1つである。それは、夜空の平凡な部分に照準を合わせた驚くべき写真であった。ハッブル・ディープ・フィールドは、数千の見たこともないような銀河を明らかにし、それを見た人誰をも平伏させた。地球、太陽系、ミルキーウェイ銀河のすべてが、1つの写真と比較すると、非常に小さくなる。ハッブル・ディープ・フィールドは、哲学的効果を含んでいる。そして、30年前のその写真の発表から、ハッブル・ディープ・フィールドは、宇宙に対する我々の理解を変えた。

　ハッブル・ディープ・フィールドの鳴り響く成功が、天文学者に、ハッブル宇宙望遠鏡の能力をさらに遠くまで推し進めさせた。南天の星座巨嘴鳥座内の一角から、ハッブル・ディープ・フィールド・サウス（HDF-S）が、1998年に出現した。995公転の露出が、その最終的なものを作った。それは、巨大質量ブラックホールによって活力を得た、光輝な遠方の知られ

I

たクエーサーや、いくつかの近隣のミルキーウェイ銀河内の星を含んでいる。ハッブル・ディープ・フィールド・ノース（HDF-N）とサイド名が付けられた北半球の対称物に対して、ハッブル・ディープ・フィールド・サウス（HDF-S）は、宇宙論学者に詳しく調べる宝物を供給している。

2004年、ハッブル宇宙望遠鏡は、ハッブル・ウルトラ・ディープ・フィールド（HUDF）を作るために、400公転の露出時間を費やした。2012年9月、200万秒に亘る露出時間で、ハッブル・エクストリーム・ディープ・フィールド（XDF）を生み出し、それはハッブル・ウルトラ・ディープ・フィールド（HUDF）の選ばれた地域を長く見たものだった。人間の目で見ることのできるものより、100億倍くらいかすかな天体を含んで、そのハッブル・エクストリーム・ディープ・フィールド（XDF）は、5,500個の新しい銀河を明らかにした。それらの幾つかは、宇宙がほんの5億歳のときに現れている。

その後の数回の探査が、多重波長領域で、他の望遠鏡で行われた。スピッツァーとハーシェル宇宙望遠鏡は、赤外線で遠方の宇宙を見た。チャンドラX線望遠鏡は、それらをX線で見た。

さらに最近、ハッブル広角カメラ3（WFC3）の2009年のインストールで、Cosmic Assembly Near-IR Deep Extragalactic Legacy Survey（CANDELS：宇宙全体近IR深淵ミルキーウェイ銀河外伝説的探査）が、測光法的赤方偏移に便乗した。この新しいハッブル広角カメラ3（WFC3）は、天文学者に繊細な画像と、以前よりも大きな波長領域を提供した。以前というの

は、ハッブル・ディープ・フィールドの許容範囲である。ハッブル宇宙望遠鏡の歴史の中で、その最大のプロジェクトであるCANDELS は、宇宙をさらに深淵まで探査することを可能にする。

これらの、そして、他の探査によって、ミルキーウェイ銀河外を研究する天文学者が、それらの機器を使いこなすと、異なったタイプの銀河間の関係を発見することから、重力レンズ効果を使って、宇宙の中の不可解なダークマターを星図で表すことまで、すべてのことを行えるようになる。理論的なモデルと銀河観測を結合して、天文学者は、恒星形成の普遍的なタイムラインを作り、宇宙が、100億年から120億年前、恒星誕生の最大のベビーブームを経験したことを見つけるだろう。その時期は、宇宙の正午と呼ばれている。

観測が、爆発している遠方の超新星爆発を捉え、ハッブル・ディープ・フィールドによって開発された方法から、それらの距離が決定できたとき、天文学者は、宇宙の膨張が、実際に加速しているという奇妙なアイデアと論争することを強いられる。現在、ハッブル・ディープ・フィールドの伝説は、その宇宙の加速する膨張を引き出していて、ダークエネルギーを理解するという探究を行っている天文学者を助けている。

私も、ハッブル・ディープ・フィールドを初めて見たとき驚いた。光るものが全て銀河であることを考えると、こんな小さい領域にも、これだけの銀河があることに驚かされた。それを宇宙全体に広げると、2兆個以上の銀河があることも納得でき

る。一昨年打ち上げられたジェームス・ウェッブ宇宙望遠鏡にも多くのことが期待できる。それを見るためにも、健康でいることの必要性を感じた。

　なお、表紙は、そのハッブル・ディープ・フィールドの1つの写真である。
　上記のように、夜空のほとんど星のない狭い地域であるが、実際には、これだけの銀河があることに改めて驚いた。今回は、その「銀河の世界」がテーマであるので、表紙にはピッタリと考えて、この写真を使った。

　宇宙歴56年（2024年）初秋

## 目 次

まえがき ......................................................... I

### 第1章 宇宙空間 ..................................................... 11

ミルキーウェイ銀河 14／ローカルグループ 16／
超銀河団 18／巨大な構図 19

### 第2章 銀河探査 ..................................................... 22

100インチ望遠鏡 23／ハッブルの突破口 25／銀
河の発見 26／銀河の色による突破口 27／そこで
ビッグバンだ 28／ハッブルと膨張宇宙 29／銀河
の分類 30／宇宙の未曾有の範囲 31

### 第3章 銀河研究とは？ ........................................... 35

銀河研究の道具 36／ハッブルを見習え 38／銀河
ゴシップ 39／完全解答はない 42／今日は銀河、
明日は宇宙 43

### 第4章 銀河の中心部 ............................................... 45

クエーサー 45／統一理論 48／ともに進化する 50／
赤方偏移、距離、そして時間 51

第5章　ミルキーウェイ銀河近隣 ....................................... 53

2人の王と中庭　54／宇宙的小世界　55／マシーンの中の幽霊　56／マゼラン雲の衝突　59

第6章　局所的銀河団 ......................................................... 61

全てを名前の中に　62／動きを追跡　64／歴史書に対して　66／ラニアケアを見よう　67

第7章　宇宙の端 ................................................................. 69

記録破りの遠方銀河　70／宇宙のスカイライン　72／宇宙ウェブの解体　74／過去の探査　77

第8章　銀河の相互作用 ..................................................... 79

ミルキーウェイ銀河の場合　80／融合と獲得　82／過去の接近　83

第9章　銀河の食い合い ..................................................... 85

食ったり食われたり　85／地方の暴れ者　87／宇宙の宿命　90／行儀の悪い捕食者　92／長生きの共食い者　93／法医学の道具　93

第10章　アンドロメダ銀河 .............................................. 96

概要　96／観測史　97／島宇宙仮説　99／形成と形成史　102／距離推定　103／質量推定　104／光度推定　105／構造　106／銀河核　110／分離した根

源　111／球状星団　113／PA-99-N2イベントと銀河内の太陽系外惑星候補　114／近隣銀河と衛星銀河　115／ミルキーウェイ銀河との衝突　116／アマチュアの観測　117

## 第11章　マゼラン雲物語 ..................................................118

マゼラン雲　118／大マゼラン雲の重力構造　120／ダークマターが光のエコーを導く　122／恒星の動きを、時間経過を逆に辿って追跡する　125／近隣の南天星図作成　127

## 第12章　タランチュラ星雲 ..................................................129

大きく、光輝、そして美しい　130／蜘蛛の糸を解く　132／蜘蛛の巣の中へ　133／最初の光を探す　135／遠い宇宙の探究　138／巣の中のもつれ　140

## 第13章　巨大楕円銀河M87の内部 ..................................................142

赤と死　143／クエーサーとの関連　144／高温な衝撃波とバブル　146／長く続くエネルギー噴出　148／バランスを保つためには　149

## 第14章　ピンホイール銀河の秘密 ..................................................152

大きな画像　155／その星雲の巨大さ　156／東部渦巻きの腕内の星雲　157／西部渦巻きの腕　158／遥か西方の渦巻きの腕　159／チャレンジのスリル　160

### 第15章 幽霊銀河 .................................................... 161

光によって盲目にされる　163／巨大な銀河の幽霊
164／発見と喪失　165／そして再度発見　167／単
調な視野の中に隠れて　169／暗闇の中で捕まえろ
170／暗中をスキャンするもの　173

### 第16章 幽霊銀河の発見 .................................................. 175

DF2とは何か？　176／DF2までの距離についての
議論　178／DF4についてはどうか？　181／ハッブ
ル宇宙望遠鏡のもう1つの見方　182／次は何か？
184

### 第17章 何故、銀河は並ぶのか？ ...................................... 186

星が並ぶとき　187／流れを持って動いている　189／
宇宙的調和にはもっとあるのか　191／何故、銀河
は引き伸ばされるか？　192／宇宙の剪断を傷つけ
る　192／宇宙をシミュレートする　194／とてつも
なく巨大な銀河　195

### 第18章 10万個の近隣銀河 ................................................ 196

隣人に会う　198／普通でない推測　200／混沌とし
た集中　201／1つの環が全てを制御する　202／最
大で最悪　203／魚と熊　205／照準へ動く　206

### 第19章 1兆個以上の銀河 ................................................ 209

汝を数える方法は？　210／他の波長を加える　213／

銀河の質量分布　215／２兆個の意味　217／正規分布と冪法則分布　218

## 第20章　超銀河団 ........................................................ 220

構造の探知　221／壁とボイド　223／動く巨大な塊　224／巨大スケール探査の必要性　226／宇宙の自己相似性について　227／大きな構図　228

あとがき ........................................................ 230

参考文献 ........................................................ 233

索　引 ........................................................ 237

# 第1章　宇宙空間

　宇宙は、物質からできた島でいっぱいだ。それは約2兆個の銀河で、それらの銀河が、宇宙を形成している基本的な構成ブロックになっている。

　1923年10月4日夜、ウィルソン山のスタッフとして4年目の天文学者だったエドウィン・ハッブルは、彼の好みの天体であるアンドロメダ座の中の星雲M31に望遠鏡を向けた。そのとき、写真プレート上にその画像を捉えた。そこに、起こりつつある新星爆発を発見した。次の夜、彼は再びM31の写真を撮った。観測時間が終わって、自分の研究室に戻り、その捉えたものを解析したとき、その新星爆発は、実際の新星爆発ではなく、その光度を変える特別なタイプの恒星セフィード変光星であることに気づいた。そして、その恒星の光度の低さが、信じられないような意味を持つことがわかった。

　その恒星とそれを取り巻くその星雲は、百万光年の距離にあるに違いない。その距離は、当時、誰もが全宇宙のサイズと考えていたサイズの3倍の大きさだった。改良された測定機器のお陰で、今日の天文学者は、その天体は約250万光年の彼方にあることを知っている。

　ヴェスト M. スライファーと、彼自身の研究仲間であるミルトン・ハマソンによってなされた以前の仕事に、部分的な援助を得て、ハッブルは、宇宙は誰もが考えていたよりもはるかに

11

大きいことと、アンドロメダ星雲のような渦巻星雲は、実際には、遠方にある銀河であることを発見した。それらは、恒星とガスの大きなシステムであって、長い距離によって、ミルキーウェイ銀河とは離れている。

　1912年という早い時期に、ローウェル天文台において、スライファーは、渦巻星雲の見かけの速度を記録した。そして、ハッブルによってここで成された仕事と合わせて、宇宙は膨張していることが明らかになった。つまり、銀河は、時間経過とともに、お互いが離れて行っている。宇宙は、誰もが以前に考えていたよりも、はるかに大きいばかりでなく、それは、時間経過とともに大きく成長している。

　1929年までに、天文学者は、過去の宇宙の構図を繋ぎ合わせた。多くの銀河の歴史について、時間を逆向きに進めたとき、その起源として、宇宙は小さい無限の密度の点で始まったことを意味することがわかった。この研究は、ベルギー人天文学者ジョージ・ルメートルによって最初に始められた仕事の拡張であった。天文学者は、この宇宙の起源の点を宇宙の始まりと理解し、それを後に「ビッグバン」と呼んだ。そのビッグバン以後、時間経過とともに、全ての銀河がお互いから離れるように動くという膨張を始めた。だから、全宇宙は飛び離れているように見える。

　1930年代に、ハッブルは、銀河の調査を始め、種々の形態的タイプに分類し始めた。それは、天文学者が写真で見た構造の列だった。最終的に、彼が観測した銀河のタイプをフォーク型の図に整理した。そこには、渦巻銀河、バーを持った渦巻銀

河、レンズ型銀河、そして楕円銀河が含まれた。バーを持った渦巻銀河は、その中心を通る物質の線形のバーを含む渦巻銀河を意味する。彼は、また、不規則銀河、恒星から成る星雲、そして、はっきりとした形を示さないガスを確認した。後ほど天文学者が、爆発、あるいは分裂イベントで壊れたように見えるシステムである特有の銀河を確認した。彼らは、また、回転楕円体矮銀河と呼ばれている銀河のクラスを確認した。それらは近くの宇宙にはたくさんあるようだ。

　1950年代までに、テキサス大学のフランス人天文学者ジェラルド・デ・ヴォークールーが、ハッブルの分類体系をさらに複雑なものにした。そこには、銀河の多くの観測的特徴を加味した。デ・ヴォークールーは、銀河のお互いの関係を示す仮の3次元構想を立てた。それは、その形状から宇宙のレモンというニックネームが付いた。デ・ヴォークールーは、銀河のバーの上の詳細、その中に見える物質の環の説明、そして銀河の腕がどのように緊密に、あるいは疎らに巻いているかの評価を含めた。また、不規則銀河と特有の銀河の性質について評価的特徴も含めた。

　銀河天文学者の次の世代は、カタログ化するよりも、遥かに精巧な解析に進んでいった。ハッブル宇宙望遠鏡を使って、その分野の天文学者は、約1,000億個の銀河が、宇宙には存在するに違いないと推定した。そして、その数は、実際にはもっと大きいのではないだろうか。多分、約2兆個の銀河が、初期宇宙には存在しただろう。しかし、お互いに近いところにある銀河は、宇宙的時間経過において、重力によって引っ張られ結合

したことは明らかであるようだ。そのとき、宇宙の膨張にもかかわらず、ミルキーウェイ銀河のような普通の銀河は、数十個の、あるいはそれ以上の原始銀河が構成ブロックで、それらが融合して大きな銀河になったと考えられている。ハッブル・ウルトラ・ディープ・フィールド画像内にある初期宇宙の中に、これらの原始的な物質の塊である、ブルーに見える原始銀河を見ることができる。

## ミルキーウェイ銀河

　天文学者は、過去20年から30年に亘って、非常に多くの銀河を研究してきて、多くのことを発見した。しかし、そこで無視できないことは、宇宙は信じられないくらい大きいということだった。あなたが、今夜、あなたの望遠鏡の接眼レンズで銀河を見たならば、あなたの目に当たった光子は、秒速約30万kmという高速で動いて来ている。それにもかかわらず、アンドロメダ銀河から、その速度で我々のところに到達するためには、250万年必要である。そして、その銀河は、宇宙的規模で見ると一番近い銀河になる。

　もちろん初歩的な感覚では、ミルキーウェイ銀河についての知識は、大昔に戻る。その名前「ミルキーウェイ」はラテン語の「乳」からきている。それが根本的な考え方で、ギリシャ語では「乳のサークル」になる。夜空に見えるミルキーウェイ銀河の帯は、大部分は、夏と冬に突出しているが、それは、ミルキーウェイ銀河平面に沿ったところにある数十億個の星の、1

つずつに分解できない光である。

　しかし、ほんの過去20年から30年の間に、我々は、ミルキーウェイ銀河は、宇宙にある2兆個の銀河の1つであり、そのディスクは、約10万光年幅で広がっているという理解を持った。ミルキーウェイ銀河は、約4,000億個の恒星を保有していると言われている。しかし、我々は、正確にどのくらいの数の恒星を保有しているかを知らない。何故ならば、矮星は、遠い距離では光度が低いので、見ることができないからである。数十年間、天文学者は、ミルキーウェイ銀河は、宇宙でただ1つの銀河であると考えていた。しかし、最近の研究から、ミルキーウェイ銀河は、バーを持った渦巻銀河で、太陽と太陽系は、ミルキーウェイ銀河の1つの渦巻きの腕内にあって、銀河の中心から約26,000光年の距離にあることがわかった。

　ミルキーウェイ銀河は、光輝なディスクでできている。そのディスクは、我々が見る大部分の星を含んでいて、ゆっくりと回転する星とガスの円盤である。太陽は、ミルキーウェイ銀河の中心を公転周期2億2,000万年で公転している。これは、太陽系形成以来、約20回、銀河の中心の周りを回転したことを意味する。遥かに遠くであるが、ミルキーウェイ銀河の中心には、太陽質量の約430万倍の質量を持った巨大質量ブラックホールがある。最近、天文学者は、銀河の中心に巨大質量ブラックホールがあることは、普通であることを発見した。ほとんど全ての銀河が、そのようなブラックホールを保有している。ただし、矮銀河は例外である。

　ミルキーウェイ銀河のディスクは、少ない数の恒星のハロー

とともに、球状星団と呼ばれる古い恒星でできた巨大な球、そしてダークマターの巨大な包みで取り巻かれている。天文学者は、ダークマターが何でできているか、まだ、理解していない。しかし、天文学者が観測できる、見える物質の上への重力的影響によって、ダークマターがそこにあることを知った。

## ローカルグループ

ミルキーウェイ銀河は、宇宙の中で決して一人ぼっちではない。それは、銀河のローカルグループと呼ばれている、少なくとも54個の銀河のグループに所属しているからである。これは、ハッブルが、近隣宇宙を星図に表したとき、この物質から成る局所的な星雲をそのように名付けた。ローカルグループの重要なメンバーは、ミルキーウェイ銀河、アンドロメダ銀河、そして三角座銀河（M33）である。しかし、これら三大渦巻銀河のそれぞれが、伴銀河の星雲を持っている。ミルキーウェイ銀河の伴銀河には、大小マゼラン雲と多くの矮銀河が含まれる。大小マゼラン雲は、南半球では肉眼で見ることができる。ローカルグループの直径は約1,000万光年で、これは、ミルキーウェイ銀河の直径の約100倍である。

宇宙の深淵に進んで行くと、我々は1,000億個以上の銀河の、もっと多くのグループに遭遇する。これらの荘厳な恒星とガスから成る島が、グループを成して存在している。それは、ローカルグループのようであるが、銀河団、あるいは超銀河団と呼ばれる、さらに大きな集合体である。宇宙の全体的な膨張、つ

第1章　宇宙空間

まり宇宙が進化するとき、大部分の銀河はお互いから離れるように動くが、重力が、少ない数の銀河をお互い結びつけるようにしている。例えば、ローカルグループは、いわゆる乙女座銀河団のメンバーである。それらは夜空において、その集団の中心が、乙女座にあるからこの名前が付いた。

　乙女座銀河団は、少なくとも1,500個の銀河を保有し、その中心は、地球から約5,400万光年の距離にある。誰でもアマチュアが使う望遠鏡で、乙女座銀河団の核近くに、幾つかの光輝な銀河を見ることができる。それらの光輝な銀河は、マーカリアン・チェーンの中にある。この銀河の列にM49、M84、M86、M87、そして他の変化に富んだ渦巻銀河のような、巨大質量楕円銀河を含んでいる。裏庭で観測する天文学者に対して、銀河のタイプのこの行楽地は、実際、夜空の銀河観測の入り口の1つである。そして、それは、よく晴れた月のない状態の春の宵に非常によく見える。

　乙女座銀河団の大部分の銀河は、その中心に巨大質量ブラックホールを持っている。M87がその典型的な例である。ミルキーウェイ銀河の中心にあるブラックホールの質量は、太陽質量の約430万倍であるが、M87の巨大質量ブラックホールの質量は、太陽質量の50億倍から70億倍であると推定されている。これは、ミルキーウェイ銀河のものの約1,000倍になる。M87は、宇宙における我々の部分にある最も大きな銀河の1つである。M87のような銀河は、いわゆるcD銀河である。cDは、centrally dominantのcDを取ったもので、大きさにおいて、優位を持っていることを意味する。そして、この銀河は、かつて

17

その周囲を取り巻いていた多くの小さい銀河を捕食した。だから巨大質量銀河になって、今も近隣の伴銀河を捕食し続けている。

## 超 銀河団

　約1,500個の銀河を含む銀河団があるが、もっと大きな銀河の集合体が存在する。乙女座銀河団は、いわゆる乙女座超銀河団、あるいはローカル超銀河団のメンバーである。それは、規模の桁の違うスケールで、数千個の銀河を保有している。乙女座超銀河団は、ミルキーウェイ銀河、ローカルグループ、乙女座銀河団、それに約100個のグループと銀河団を含んでいる。この驚くべき大きさの枠組みは、約1億1,000万光年の幅を持って伸びている。そして、それは、全宇宙を構成している約1,000万個の超銀河団の1つである。

　乙女座超銀河団内に存在する、銀河の巨大な数にもかかわらず、天文学者は、現在、この容積の中の宇宙空間の大部分は、全くの空であることを理解している。その空間は、巨大なボイドから成る。これらのボイドの直径は、数万光年から数十万光年の広がりを持っている。銀河のフィラメントのような列は、暗いボイドの周りに巻きついている。巨大なスケールで、銀河団や超銀河団内の銀河は、石鹸の泡のようである。そして、銀河がその表面を塗装していて、その間にボイドが存在する。

　1980年代の終わりまでに、天文学者は、グレートウォールの存在を確認した。これは、5億光年の幅を持った銀河のシー

トである。つい最近、スローンディジタル全天探査が、スローン・グレートウォールを発見した。これは、グレートウォールの少なくとも2倍のサイズの銀河の集合体である。それは、約14億光年という長い広がりを持っている。

　天文学者がどんどん遠くにある銀河を発見したとき、いくつかの大質量の塊が、局所的な宇宙を引っ張っているように見えることに気づいた。それらが、ミルキーウェイ銀河を南天の南三角座と定規座の方向に引っ張っている。約2億光年の彼方にある、グレートアトラクターと呼ばれているものは、変則的で天文学者を悩ませた。天文学者は、最終的に、その方向にあるもっと大きな質量を持った塊が、ミルキーウェイ銀河を引っ張っていることを発見した。シャプレー超銀河団と呼ばれる、この途方もない大きさの構造が、6億5,000万光年の距離にあって、宇宙における、我々の局所的な部分の中の、銀河の大集中を含んでいる。

## 巨大な構図

　さらに驚くべき発見がまたも起こった。2014年、天文学者が、かつてなかったほど精巧な方法で、銀河の相対的な動きを解析した結果、新しい超銀河団を確認した。ハワイ大学天文学者が、ラニアケア超銀河団が存在すると結論づけた。この名前はハワイ語の「巨大な天空」を意味する。

　ときどきローカル超銀河団とも呼ばれるラニアケア超銀河団は、約10万個の銀河を含んでいる。その中に、ローカルグ

ループとミルキーウェイ銀河が入る。この超巨大な質量とその
メンバーは、一緒に宇宙空間を動いている。しかし、その中の
全てが重力によって結びついているわけではない。幾つかは、
時間経過とともに、その超銀河団の残りの部分から離れて行っ
ているようだ。

　ラニアケア超銀河団は、4つの主要構成員を持っている。そ
れらは、乙女座超銀河団、海蛇座セントールス座超銀河団、孔
雀座インディアン座超銀河団、そして南超銀河団である。全体
として、ラニアケア超銀河団は、約500個の超銀河団とグルー
プを含んでいる。そして、局所的な宇宙において、ラニアケア
超銀河団を取り巻いているのが他の超銀河団で、それらはシャ
プレー超銀河団、ヘラクレス座超銀河団、髪の毛座超銀河団、
そしてペルセウス座魚座超銀河団である。これらの構造のそれ
ぞれが、数百個の銀河を保有し、宇宙的構造の枠組みのような
ウェブによって結合している。

　1980年代初頭、天文学者は、超銀河団よりもさらに大きな
構造の証拠を見つけていた。最初、現在ではラージ・クエー
サー・グループ（LQG）と呼ばれている天体が、天文学者を
悩ませた。1982年、スコットランド人天文学者エイドリア
ン・ウェブスターが、ウェブスター・ラージ・クエーサー・グ
ループとして知られるようになったものを発見した。これは、
3億3,000万光年幅に延びた5個のクエーサーの集合体である。
現在、24個近くのラージ・クエーサー・グループが知られて
いる。巨大ラージ・クエーサー・グループとして知られている
構造は、約40億光年の直径内に、73個のクエーサーが含まれ

第1章　宇宙空間

ている。幾人かの天文学者に排除された、この巨大質量構造は、宇宙において関係した物質の、最大集合体としてのタイトルを保持している。

　まさに、宇宙は非常に大きいので把握するのが難しい。1つには、宇宙の巨大さが、我々を小さく感じさせている。我々の束の間の人生は、非常に速く過ぎ去り、信じられないほど大きな宇宙が、我々を取り巻いていることに、ほとんど気づいていない。しかし、我々が知能を持っているという事実、我々から非常に遠いところにある星や銀河を考えられるという事実が、宇宙の中で人間を本当に驚くべきものにしている。そして、我々は、ちょうど今、銀河の巨大な世界を知り始めている。

# 第2章　銀河探査

　これらの星の世界は、巨大な物質の島で、漆黒の宇宙空間の
ほとんど限りのない海に浮かんでいる。

　波がサンタモニカのビーチに押し寄せ、巨大な森がその街
の北の山脈に点在し、そして、唖然とする道路のネットワー
クがあちこちで行き来している。1923年ロサンゼルスは、100
万人の人口を持っていた。それは、現在の4分の1である。
その時、ロサンゼルスは、爆発的成長の真っ只中にあった。
CalTechでアメリカ人物理学者ロバート・ミリカンが、ノーベ
ル物理学賞に輝いた。それは、基本粒子である陽子、あるいは
電子によって運ばれる電荷の測定と、光電効果の仕事に対して
だった。光電効果の仕事は、多くのメタルが光に当たったと
き、電子を放射するという彼の観測を含んでいた。アメリア・
エアーハートは、そこで周期的飛行講座を取った。ハリウッド
ボウルが、最近コンサートを行った。そして、若い漫画家ウォル
ト・ディズニーが、ポケットには40ドルしかない状態で、
ロサンゼルスにやって来た。

　科学と技術におけるその分野の将来に備える含みにもかかわ
らず、それは初期の時代だった。誰もまだ、宇宙のサイズと範
囲を知らなかった。人々は、夜空の一番光輝な銀河を見た。そ
れはアンドロメダ座の中にあるぼんやりした一区画と、南天の
マゼラン雲だったが、誰もまだ、それが何か正確に理解できな

かった。そこで、1つの大問題が持ち上がった。永遠性はどのくらい大きいか。創造は無制限か。すぐに、ロサンゼルスは、宇宙の距離規格を定義することに対して、重要な役割を果たした。

# 100インチ望遠鏡

　1923年10月4日、この特有な西部のパラダイスの真っ只中で、活発な青年天文学者が、パサデナにある彼の家を出て、ウィルソン山天文台に登った。そこは、ロサンゼルスからそれほど遠くない100インチ（254 cm）フッカー望遠鏡のあるところで、これは、当時、世界最大の望遠鏡だった。ミズーリ州出身のエドウィン・ハッブルは、イリノイ州に移住し、シカゴ大学を卒業して、オックスフォード大学でローズ奨学金受給者として修士号を取得した。彼は、25歳で博士号を取得するために大学に戻った後、ただひたすら天文学でキャリアを積んだ。ハッブルは、その時、ウィルソン山の天文学者スタッフとして4年目であった。彼は、100インチフッカー望遠鏡を使うことに興味を覚え、彼の好みのテーマである、ぼんやりした星雲の研究を行った。それらは神秘的で、夜空を横切り、撒き散らされたように見える輝くガス雲だった。

　それらは、星の誕生する場所であると推測されていたが、誰も、これらの星雲を十分に理解していなかった。19世紀半ばに、アイルランドの片田舎で自分の巨大望遠鏡を使って、冒険好きのアマチュア天文学者ウィリアム・パーソンズが、ぼんや

りと輝く渦巻きパターンのように見える、渦巻き構造の星雲を初めてスケッチした。しかし、ほぼ1世紀後でも、それらについてほとんど知られていなかった。ハッブルは、星雲、特に、渦巻星雲の体系を見極めることに興味を持った。彼の博士論文は、その話題が中心だった。これらの星雲の渦巻形状は、それらが回転していることを暗示していたが、それらの天体は、ハッブルと他の天文学者を困らせていた。

1923年10月4日の夜、ハッブルは、フッカー望遠鏡を使って、彼の最も好きな星雲の1つである、アンドロメダ大星雲の40分間の露出を行った。この渦巻型星雲は、大きく光輝で肉眼でもぼんやりと見える。ロサンゼルスの街の光から遠いところでは、光のぼんやりしたシミのように見えた。その夜、彼が露出しているとき、シーイングは非常に悪かった。何故ならば、地球大気が比較的動揺していたので、その星のイメージが、完全な小さい点にはならなかったからだ。それにもかかわらず、彼が撮った写真プレートの調査は、新星爆発らしきものを映し出していた。渦巻星雲の1つの中に、このような比較的稀な現象を記録するのは刺激的だった。

ハッブルは、次の夜も、また、アンドロメダ星雲の写真を撮った。それは、その新星爆発らしきもののさらに上質の画像を期待していたからだった。その結果的な写真ガラスプレートには、10月5日から6日の露出で、H335Hと認識番号を付けていた。そのプレートは、全科学史上最も高名なものの1つになった。そこに、ハッブルは、成功裏にその新星爆発を記録していた。しかし、彼がそれをさらに解析する前に、彼の100イ

ンチ望遠鏡による周期的な観測時間が終わり、他の観測者に交代するために、そこを去らなければならなかった。

　山頂の天文台から遠く離れたパサデナの彼の研究室で、彼は、アンドロメダ星雲地域の、別の観測者によって撮られた以前の画像を調査し続けた。その時、彼は普通でないものを発見した。その新星爆発は、劇的に光輝になり、そして光度が落ちて消えていった。しかし、彼が記録したその星は、古い写真プレートにも現れていた。それは31日の周期で、明るくなったり暗くなったりしていた。この星は、新星爆発ではなく、アンドロメダ星雲内部の何か別の種類の星であるに違いなかった。

## ハッブルの突破口

　突然、ハッブルはその解答を見つけた。セフィード座のよく知られた1つと同様のタイプの星の画像を撮ったことに気づいた。彼は、彼の写真プレートH335Hの上の「新星爆発」を意味する「N」を棒引きにして、変光星を意味する「VAR」と書いた。さらに、この星は、正確に光度を増したり落としたりする特殊な変光星だった。天文学者は、長い間、この種の変光星を研究してきた。それは、セフィード座の星であるので、セフィード変光星として知られてきた。そして、彼らは、それがどのくらいの絶対光度があるかを知った。だから、その星の絶対光度を知り、夜空ではどのくらい光輝に輝いているかを計測することによって、ハッブルは、その星をガイドスターとして使って、そこまでの距離を計測することができた。

25

これは、記念碑的な仕事だった。ハッブルは、その星の低い光度から、それは100万光年彼方にあるに違いなく、それを取り囲む星雲全体も同じ距離にあると計算した。これは、この時代の大部分の天文学者が考えていたよりも、宇宙は、少なくとも３倍以上大きいことを意味した。彼の写真プレートによって、ハッブルは、宇宙のサイズを独力でリセットした。

## 銀河の発見

ハッブルの発見は、他の渦巻銀河を研究している天文学者の中に、活動の火種をセットした。無数の観測がそれに続き、論争と自己分析が、プロの天文学の世界を照らし出したとき、追跡研究が何カ月間も行われた。そこに、火を付けたのが、数年前1920年に行われた「世紀の大論争」だった。それは、当時の著名天文学者二人の間の論争だった。その二人は、プリンストン大学のハーロー・シャプレーとアレゲニー天文台のヒーバー・カーティスだった。シャプレーは、ミルキーウェイ銀河が全宇宙を構成していると考え、カーティスは、渦巻星雲は、ミルキーウェイ銀河からは離れた銀河で、それは、島宇宙であると推測した。誰もそれをまだ認めなかったけれど、ハッブルの発見が、カーティスが正しいことを証明した。

ハッブルは、引き続き他の渦巻星雲内のセフィード変光星の画像を撮り続けた。M33（三角座星雲）等で、アンドロメダ星雲のように、それらもまた遥か彼方にあって、遠方の銀河であるに違いないことをそれらの画像は示していた。ハッブルの

観測は、銀河は宇宙における恒星、ガス、そして塵の基本単位で、素晴らしい構造の上に存在することを明示した。それには、多くの異議論者がいた。その中の筆頭がシャプレーで、激しく異議を唱えた。その自信満々な35歳の発見が、その後、1924年11月号、『ニューヨークタイムズ』の表紙になった。支持者によって扇動されて、彼は米国天文学協会冬の総会で読めるように、その結果をまとめた論文を送った。その総会は、プロの天文学者の組織で、1925年1月1日に開催された。著名なプリンストン大学教授ヘンリー・ノリス・ラッセルが、その総会で声高らかにその論文を読み上げた後、銀河は広く認められる道を辿った。

なお、上記の「世紀の大論争」については、拙書『ミルキーウェイ銀河』第1部「銀河」第1章「銀河観測史」「世紀の大論争」で詳しく述べているので、参考にされたい。


## 銀河の色による突破口

その後、数年間に別の大飛躍があった。銀河のスペクトルは、全ての恒星とガスから集められた光である。1929年、ハッブルと他の天文学者は、多くの銀河のスペクトルを記録し、大部分が、スペクトルの赤方に偏移していることに気づいた。それは、その光の波長を増大させ、周波数を低くしていた。これは、アリゾナ州ローウェル天文台の天文学者ヴェストM. スライファーによって、1912年という早い時期に発見されていた。

ドップラー効果は、我々が日常よく経験することとして知られている。大きなサイレンを鳴らして近くを通り過ぎる救急車で、いつも経験していることだ。救急車が近づいて来ると、サイレンがハイピッチになる。これは音波が短い波長になり、高周波数になるからだ。そして通り過ぎて行くと、ピッチが低くなる。それは波長が長くなり、周波数が低下するからである。同じことが光にも起こる。天体が我々に向かって移動するとき、その光の周波数が高くなり、スペクトルの青方に偏移する。我々から遠ざかるように動くと、周波数が低下するので赤方偏移する。結局、遠方の銀河のスペクトルの赤方偏移が、銀河が我々から遠ざかっていることを明示している。そして、これは、宇宙が以前に考えられていたよりも、遥かに大きいばかりではなく、時間経過とともに、大きく膨張していることを意味している。

## そこでビッグバンだ

　スライファーと天文学者ミルトン・ハマソンの初期の研究を土台にしたハッブルの仕事は、平たく言うと、全ての銀河は、時間経過とともにお互いから遠ざかるように動いていることを示した。ハッブルは、また、赤方偏移は、銀河までの距離を計算するのに使うことができることを発見した。

　この研究は、記念碑的なものになった。1929年、ベルギー人天文学者ジョージ・ルメートルからの援助を受けて、ハッブルは銀河について収集した新しいデータによって、もし時間を

遡れば全ての銀河の道筋は、小さい高密度の点に収束し、全宇宙は、数十億年前のビッグバンで始まったという理論を提案した。このビッグバンは、全ての銀河が、宇宙においてより速く、お互いから離れるように動く原因となっている膨張の始まりであった。全宇宙は、跳び離れているようだ。

ハッブルは46個の銀河を解析し、ハッブル常数として知られているものを提案した。彼は、この数を空間の1メガパーセク当たり秒速500kmであるとした。これは、今日我々が知っている値よりはるかに大きい値であった。なお、この値については、観測値と計算による方法で統一した値はまだない。この値も、現代天文学の1つの難問である。


## ハッブルと膨張宇宙

ハッブルに対する信頼度は、膨張宇宙の発見以来、急上昇した。これが大きな収穫だった。ハッブルは、偉大な物理学者アルベルト・アインシュタインのアイデアに対して、多くの支持を与える証拠を積み上げた。アインシュタインは、時間と空間は膨張していて、宇宙は想像を絶する大きさであると提案した。

1930年代終盤までに、ハッブルの大発見に続いて、宇宙の物語に対して銀河の重要性が明らかになった。天文学者は、その巨大な規模の大部分は、暗黒で満たされていることを知った。島銀河の外部には、ほとんど物質が存在しなくて、その島銀河が、全ての光輝なものである恒星、ガス、塵、そして惑星

という普通の物質を含んでいる。宇宙は、巨大な嵐の海のようで、そこに小さい船である銀河が事実上、限界のない完全な暗闇の海の上に浮かんでいて、それら銀河の間は、ボイドになっている。

## 銀河の分類

　このときまでに、ハッブルは銀河の大雑把なタイプを理解した。そして、彼は、曲がりくねったフォークの中に、それらの銀河を書き込んで分類した。アンドロメダのような渦巻銀河とバーを持った渦巻銀河がある。後者は、渦巻銀河と同様であるが、その中心を貫いた天体の長方形のバーを含んでいる。楕円銀河がある。これは恒星、ガス、そして塵の球形の天体である。レンズ状銀河はレンズの形状の銀河で、不規則銀河は、比較的形状のないものが集まった構造の銀河である。1930年代終盤、天文学者は新しいクラスの回転楕円体矮銀河の例を発見し、後に、いわゆる特有な銀河を発見した。それらは非常に捻じ曲がっている。1950年代終わりまでに、彼らは、銀河を分類するもっと改良された方法を考案した。それらは、テキサス大学フランス人天文学者ジェラルド・デ・ヴォークールーの研究を基にしている。

　全てのタイプの銀河の例は、暗い場所から望遠鏡で十分に見られる。これらは、次のような銀河である。

　渦巻銀河：サンフラワー銀河（M63）、IC 342、NGC 1232

第2章　銀河探査

バーを持った渦巻銀河：NGC 1300、NGC 1512、NGC 1530、
　NGC 4921、NGC 5701

レンズ状銀河：M84、NGC 2787、NGC 4111

不規則銀河：NGC 1569、NGC 3239、NGC 4214

特有な銀河：Arp 81、Arp 220、セントールス A、炉座 A、
　M82、ペルセウス A


　デ・ヴォークールーの分類大系はもっと複雑で、銀河の基本
タイプの、より多くの性質を説明している、3D コズミック・
レモンを作っている。渦巻銀河に対して、これはバーの上の細
かい詳細、銀河が物質を取り巻く環を示しているかどうか、そ
の渦巻きの腕がどのくらいきつく、あるいは柔らかく包んでい
るかを含んでいる。デ・ヴォークールーは、また、不規則銀河
について詳細をカタログ化し、特有の銀河を、それらの形状を
捻じ曲げた、近隣銀河との相互作用という銀河的列車事故を経
験したと表現した。


## 宇宙の未曾有の範囲

　長年、天文学者は、宇宙には1,000億個の銀河のような、何
かが存在すると提案した、深淵銀河探査の結果を引き合いに出
した。2016年の調査によると、銀河の総数は、２兆個に達す
るようだ。しかし、その調査では、初期宇宙を見ていて、これ
は過去を見ていることになる。しかし、時間経過とともに、多
くの銀河が融合するので、銀河の総数が1,000億個という小さ

い数になるようだ。我々は、その1つであるミルキーウェイ銀河に住んでいる。巨大な暗闇の海に浮かんでいる船のように、宇宙におけるこれら基本構造は、何故、我々はここに居るのかという意味を理解するために、我々の世界を超越した何かを我々に与えてくれる。

　天文学者は、1920年代以来、もっともっと多くの銀河を発見してきたので、彼らは、知識の1つの基本ピースを獲得した。それは、宇宙は本当に大きいということだ。次のようなことを想像してみよう。宇宙船に乗って宇宙に旅立つ。どんどん進んで行くと、どんどん遠くのものが見えてくる。その宇宙船が、光速で飛ぶと考えよう。光速は、我々が知る宇宙で最高の速度である。秒速約30万 km で、光の粒子である光子が、あなた方の目に入る速度である。それがあるからあなた方が、この本を読むことができる。光子はそのような速さで移動できる。何故ならば、光子には質量がないから。一方、宇宙船には質量があるので光速では飛べない。しかし、宇宙のサイズを理解するために、今考えている宇宙船はそれができると仮定しよう。

　その宇宙船に乗って、我々の住むミルキーウェイ銀河から外に出よう。すると我々が遭遇する一番近い銀河は、射手座回転楕円体矮銀河である。我々が光速で飛行すると、この銀河に到達するためには7万年かかる。これらの巨大な距離について考えるもう1つの方法は、我々が現在見ている他の銀河からの光が、我々のところに到達するまでに、どのくらい長く飛んでいたかを知ることである。射手座回転楕円体矮銀河からの光は、

第2章　銀河探査

人類が南アフリカの洞穴の中に、最初の芸術の断片を作ったときから飛び続けていた。想像上の宇宙船が163,000年間飛び続けると、我々は大マゼラン雲に到達する。これは、ミルキーウェイ銀河の一番大きい衛星銀河である。200,000年間飛び続けると、小マゼラン雲に行ける。これは、もう1つのミルキーウェイ銀河の衛星銀河である。今夜、あなたが見るこの銀河からの光は、我々の種に非常に近くリンクした人類最初の祖先が、アフリカ平原を歩いて以来、宇宙空間を飛び続けてきた。

　しかし、それらは、我々の近隣にある矮銀河である。一番大きな近隣銀河はアンドロメダ銀河だ。それは、我々の宇宙船で到達するために250万年必要になる。今夜この銀河を見る光は、一番早い我々人類の祖先が地球上に現れて以来、宇宙空間を飛び続けてきた。

　我々に一番近い幾つかの銀河がある。外に飛び出すと、全ての方向において、奇妙で美しい銀河の無数の例を見ることができる。ここには、次のような渦巻銀河が含まれる。IC 239、M100、M106、NGC 210、NGC 2683、NGC 2841、NGC 3310、NGC 3338、NGC 4565、そして NGC 6946。多重銀河の領域に入ることもできる。その例は、M65、M66、そして NGC 3628から成るレオトリオ、M81と M82、そして銀河グループであるヒクソン31である。NGC 3314のように結合しているような幾つかの銀河は、宇宙船で接近するとき、離れたところで輝いていて、その視覚的な並びが消滅する。数多くの奇妙なねじ曲げられた銀河にも遭遇するだろう。その例が、Arp 188、ESO 243-49、NGC 474、NGC 660、NGC 2685、NGC 4622、NGC

5291、NGC 7714、そして UGC 697 である。

　宇宙が、どのくらい巨大であるかを見て、そして、そこは基本的に銀河で満たされていることが理解できる。乙女座銀河団は、光速で飛ぶ我々の宇宙船で到達するために5,000万年かかる。もっと遠くの銀河は、銀河団や地球から見ることのできる超銀河団に含まれる。そして、そのいくつかは数億光年、あるいは数十億光年の彼方にある。我々が見ることのできる最も遠くにある銀河に到達するには、130億年以上かかる。それも光速で飛んで。

　太陽系の太陽から3番目のこの星の上に住んでいると、宇宙が想像を絶する大きさであることを無視することは容易である。しかし、銀河を探究するために、宇宙のずっとずっと遠くに行くと、宇宙がどのようにしてできたか、そして、どのように進化するかを理解できる。

# 第3章　銀河研究とは？

　天文学者は、最新の科学技術を使って、何が銀河の型を決めるのか、何が銀河間の相互作用をコントロールするのか、そして銀河はどのように進化するのか、を研究している。

　我々皆が知っている宇宙は、怖いところだという可能性がある。死が至る所にあり、我々の銀河のサイズを理解しようとすると、頭痛を起こさせる可能性もある。少なくとも1つの見方では、宇宙は、小さい街のようなものが集まってできているとも言える。街で何が起こっているかを知りたいという興味を持っているならば、近所の人と話すべきであろう。

　けれども、天文学においては、隣の家ではなく、我々の銀河、ミルキーウェイ銀河と類似した質量を持つ比較的近隣の銀河になる。そのような銀河を研究すると、銀河の進化の過程、我々の銀河やはっきりと見えないくらい遠方にある銀河の型をつくるものについて、理解することができる。そのとき、これら近隣の銀河を十分に知ることと、研究できる銀河をより多く見つけることが、重要なことである。

　天文学者が、銀河とは何かを知る以前から、彼等は、銀河を理解しようと一生懸命多くのことを学んできた。まず、型以外に何もないが、渦巻対楕円という型を基本に分類することから始めた。科学技術が発展し、科学者は、さらに多くの銀河をより詳細に研究することができるようになった。徐々に、小さい

事実を繋ぎ合わせ、銀河の進化や銀河の型を決める力、我々の銀河に対して、その銀河が意味するもの等の全体像を創り上げていった。過去10年間の銀河探査と、改良された望遠鏡からのデータをまとめて、近隣の銀河の未曾有の理解がなされた。

## 銀河研究の道具

　最近のデータは、主に２つの研究グループで使われている。１つは、広範囲の銀河を探査するグループで、約100個の銀河について、一般情報を収拾している。もう一方は、特別の銀河に焦点を絞って、詳しく研究するグループである。

　前者は、銀河内の一般的な傾向について学ぶとき役立つ。一方、後者は、特定の銀河に絞った研究に役立つ。

　まず、広範囲銀河探査を見ると、ここでは３つの機器が使われている。それは、Two Micron All-Sky Survey（2MASS：２ミクロン全天探査）、Sloan Digital Sky Survey（SDSS：スローンディジタル天空探査）、それに Galaxy Evolution Explorer（GALEX：銀河進化探査）である。「これらが、我々に銀河について、多くのことを理解させてくれた。特に、銀河の分布・年齢などによる分類概念と、銀河内の種々の物理的特徴の間の関係についてであった」とある天体物理学者は言う。

　2MASS は野心的で、全天を探査するという目標をもっていた。アリゾナとチリに１台ずつある望遠鏡で、1997年から2001年までに、両半球を網羅するつもりでいた。SDSS は、銀河動物園プロジェクトで使われ、科学者でない人々にも有名で

第3章　銀河研究とは？

ある。銀河動物園プロジェクトは、一般人の誰でも、銀河の
データをカタログ化する手助けができるプロジェクトである。
SDSS は、1998 年から 2009 年まで、ニューメキシコにある 1
つの望遠鏡で、全天の 3 分の 1 の星図を作ることを目標にし
た。そして、GALEX は、2003 年に打ち上げられた宇宙望遠鏡
で、特に、紫外線で他の銀河を探査するものである。

　これらの探査で得られたデータは、広く浅く、解像度の低い
ものであるが、データの豊富さから、銀河の構造と歴史の関係
は、他の意味あるパターンとともに明らかにできる。それらの
データは、また、限られた時間でしか観測望遠鏡を使った観測
のできない天文学者に、どこを見れば良いかという手助けにな
る。また、それらのデータは、天文学者が見つけたものが、何
であるかという状況を把握する手助けにもなる。銀河の分布・
年齢などによる分類概念なしに、より詳しい観測から得られた
結果を理解することは、たいへん困難であると言われている。

　それは、詳しい観測から離れろということではない。ハッブ
ル宇宙望遠鏡は、変換可能なので、近隣の銀河内で、個々の恒
星の詳しい光度測定ができると言われている。この種の恒星光
度測定は、以前は、マゼラン雲でしかできなかった。マゼラン
雲は、ミルキーウェイ銀河の伴銀河である。銀河における恒星
形成の歴史は、その進化の記録であるので、銀河の研究にはた
いへん重要である。特に、銀河における恒星形成の歴史は、恒
星の進化を通して、ガスの消費とリサイクルのような、銀河内
のプロセスの研究に役立つ。そして、もちろん、地球周回軌道
上にあるチャンドラ X 線望遠鏡と、スピッツァー宇宙望遠鏡か

37

らの他の目的の観測結果もまた、天文学者が、特異な銀河のプロセスを理解する手助けになってきた。

## ハッブルを見習え

1926年、エドウィン・ハッブルが、銀河型の進化順序を発表した。それは、楕円銀河が左側にあり、中央にレンズ状銀河、そして2つに分かれて、2種類の渦巻銀河がある。天文学者は、このハッブル配列を使って50年以上銀河を分類してきた。従って、銀河は、楕円銀河、レンズ状銀河、渦巻銀河、そして不規則銀河のいずれかになるというものだった。この配列には順序があるので、天文学者は、楕円銀河とレンズ状銀河を「初期型」、渦巻銀河と不規則銀河を「後期型」と呼ぶことがあった。ここには、ハッブルが意図しなかった進化順序が含まれている。「時間経過順を言外に暗示することは、混乱を招く。その全体的分類は、純粋に経験に基づくもので、進化理論を含むことはない」とハッブルは、1927年の *The Observatory*『天文観測』に書いている。

また、誤解は、次の事実から生じる。後期型が、実際、若い恒星や顕著な恒星形成領域を含み、初期型が古い恒星のみを含む。すべての銀河の中の一番古い恒星は、ほとんど同年齢である。典型的に、初期型は大きな銀河集団に含まれ、後期型はずっと孤立した領域で形成された。

しかし、長い間、異なった種類の銀河を研究してきたにもかかわらず、天文学者は、何が型を決めるのかについて、ほとん

ど理解していない。何が銀河の型を決めるのかということは、何故、1つの銀河が楕円銀河になり、別の銀河が渦巻銀河になるのかということである。

　過去10年間の研究成果のお陰で、銀河の進化と相互作用について、より確信の持てる理論を打ち立てた。しかし、ある意味では、すべての疑問に答えたとは言えない。「我々の基本的構想は正しい。しかし、驚かされる余地はある」と言う天文学者もいる。


## 銀河ゴシップ

　では、天文学者が、銀河について研究してきたことは何か。我々の銀河形成理論の中に、大きな変化があった。その変化は、銀河の中心にある巨大質量ブラックホールの進化が、銀河の進化に密接に関係するというものである。これは、非常に多くの天文学者が、正しいと信じていることである。銀河の中心にある巨大質量ブラックホールが、銀河内の恒星形成を抑制する必要性から、エネルギーを放射している。その結果、事実上、死の世界になるという理論を多くの天文学者が支持している。

　一般的に、他の銀河との接近遭遇や小さい銀河から大きい銀河へ階層的に発達する階層的群生のような、外部からの影響は、それだけでは、銀河の特性を決めるものにはならないようである。銀河の内部作用が、それに伴うようである。銀河ディスクのゆっくりとした内部進化が、他の銀河との接近遭遇や銀

河の階層的群生と調和して、銀河を進化させてきたようだ。

　銀河の内部作用が、銀河の進化に影響すると言う理論は、銀河の中心にある巨大質量ブラックホールと銀河の関係ほどかっこよくはない。しかし、天文学者が宇宙を研究する方法に、加えるべき新しい基本的要素であるようだ。銀河の階層的群生と他の銀河との接近遭遇は、銀河形成を理解する上で、重要な手がかりであるが、内部作用を考慮に入れないと、不完全なものになる。そして、内部作用を考慮に入れた銀河形成と進化の理論をもって、全体として、よりよく銀河を理解することができる。

　一般に、天文学者は、銀河がどのようにして形成されたかを理解している。初期宇宙物質の攪乱が、重力によって成長し、徐々に、より質量の大きい組織を形成していった。普通の物質、主に、水素とヘリウムのガスは、重力による引き寄せを感じるようになった。

　このガスは、光の放射によってエネルギーを失った可能性がある。そして、ダークマター組織の中へ落ち込んで行き、恒星を形成した。少なくとも、過去25年間、このようなことの大部分が信じられてきた。そして、ここ数年間に、この説明通りであったことを示した。その理論が、間違いなく、現在の個数の銀河、銀河団を形成した。しかし、何が、銀河の特徴を決定するのか。

　銀河が、どのように進化するかは、それが成長する場所に依存すると言われている。密度の高い、密集した環境では、初期型、あるいは、あまり恒星を形成しない型の銀河ができる可能

第3章　銀河研究とは？

性が増加する。一方、孤立した環境では、後期型の恒星をどんどん形成する銀河ができる可能性が高くなる。しかし、これでは、「何故か」の完全解答ではない。密度の高い密集した環境は、高温ガスで充満しているので、個々の銀河へガスが流れ、恒星を形成することがない。このメカニズムは、確かに銀河を死の状態に保つだろうという理由から、上記の理論はもっともらしい。

　しかしながら、1つの奇妙な銀河が、上の議論の反例になっている。孤立した領域に、死の状態にある銀河が発見された。しかも、それらの銀河の年齢は、密度の高い密集した環境内で形成された銀河と、ほとんど同じ年齢である。あえて言うなら、孤立した領域で発見された死の状態にある銀河の方が、少し若い。このような銀河は、密度の高い密集した環境内で形成された銀河と、同じ形成の歴史をもっているようだが、形成されている期間の環境は、全く違うことになる。明らかに、違うところでも、恒星形成は同様に停止している。

　一方、渦巻銀河は、それ自体の歴史をもっている。渦巻銀河は、同質量を持つ銀河と一度も接近遭遇しなかったか、あるいは、楕円銀河の中へ溶け込んでいったかである。何が型を決定するかは、大部分、内部からきているようだ。

　不規則銀河は、さらに混乱を招く。これは、後期型ではないだろうか。そこでは、今日でも、恒星形成が続いている。何故なら、未だにガスの供給は終わっておらず、少なくとも初期の期間に、他の銀河との複数回の接近遭遇はなかったからである。まだ、少し奇妙な型の銀河が残っているが、それらは然る

41

べき説明を待っている。もちろん、多くの知られた型の銀河も同様のことが言える。

## 完全解答はない

楕円銀河と渦巻銀河の大域的相違について、基本的事項の理解は得られたようであるが、まだ、もっと研究する必要があると言う天文学者は多数いる。恒星の進化については、最後の詰めをするため、単に、研究の最前線を進めるだけの問題であるということを多くの天文学者が感じている。しかし、銀河の進化理論は、埋めなければいけない大きなギャップがいくつかある。初期の段階の銀河については、ほんの少ししか知らない。最初の恒星から、最初の銀河の欠片までの進化は、すべて理解していると考えられているが、まだそこには、あっと驚くようなことがあるように考えられると天文学者は期待している。銀河の進化については、天文学者は、少し自信過剰になっているようである。

別の問題は、何故、ミルキーウェイサイズの銀河が、恒星の形成に一番向いているのかである。大きい銀河内で、恒星形成の効率が悪い原因は、小さい銀河内の原因とは相違があるようだ。そこで、天文学者は、活発な銀河と死んでいる銀河の間にある境界線上にある銀河を探している。大質量銀河は、しばしば、その中心に活発な巨大質量ブラックホールを保持している。そのブラックホールが、何故か、ガスを高温にし、大質量銀河の中で恒星の形成を妨害しているという理論がある。もち

ろん、その理由については定かではない。

　しかし、天文学には多くの謎があるが、ミステリーは魅力の一部でもある。それで、天文学者は、次の発見のため、機器を改善する努力にすでに入っている。ACS Nearby Galaxy Survey Treasury（ANGST：ACS 近隣銀河探査）は、ハッブル宇宙望遠鏡のカメラを使って、４メガパーセク（1,304万光年）以内にある69個の銀河をいろいろな波長で観測してデータを保管する。未来の探査は、ANGST で得た多くの新しいデータの中から、役立つものを抜き出す。特に、2015年に建設を開始した Large Synoptic Survey Telescope（LSST：大共観探査望遠鏡〈現ヴェラ C. ルービン天文台〉）と2020年打ち上げの予定だった Wide Field Infrared Survey Telescope（広域赤外線探査宇宙望遠鏡）が、ナンシー・グレース・ローマン宇宙望遠鏡と名前を変えて、2020年代に打ち上げ予定で、これら２つの宇宙望遠鏡が、銀河の数十億の像を見せてくれる。

　他のプロジェクトとともに、これらの宇宙望遠鏡を使った観測は、如何にして銀河形成が始まったか、さらに、如何にして銀河内部の恒星の進化が、銀河の進化に影響を与えたかという謎に迫ることができるだろう。


## 今日は銀河、明日は宇宙

　鏡に映して自分を見つめ、己を知ることができるのと同じように、天文学者も、内部からミルキーウェイ銀河の構造をよく研究することが、多くの銀河に対する謎解きの助けになるに違

いないと考えている。近隣の銀河へ目を移すことによって、何が銀河を機能させているかを理解する手始めになる。銀河を機能させるとは、如何にして銀河が始まり、如何にして銀河が変化し、如何にして銀河が死んでいくかということである。

我々は銀河の中で生活し、日常生活の中のほとんどの物質は、銀河のディスク内で、恒星が形成され、超新星爆発で死に、物質をまき散らすことからのリサイクルで成り立っている。

さらに、全体として、銀河をよりよく理解すればするほど、宇宙の法則をよりよく理解することになる。宇宙について学んだ最も重要なことは、我々が宇宙を理解できることである。地球上で、我々の日常生活をコントロールする物理の法則が、宇宙の遠い天体をコントロールしている。結果として、人類は、例えば、宇宙創世の瞬間から、数十億分の1秒後の宇宙を、そして、見えない基礎をなす構造を理解しようと試みることができた。

日常生活と同じように、近隣に感謝し、近隣をよく理解することが、最も価値あることに間違いはない。銀河は、時折、ヒントだけを与えてくれる。しかし、そこに、宇宙を理解する手がかりが隠れているようだ。あるいは、それが、次のステップへの扉かもしれない。

# 第4章　銀河の中心部

　全ての巨大銀河の内部には、巨大質量ブラックホールがある。その全てが、銀河がどのように進化するかについて、何かを物語っている。

　ミルキーウェイ銀河のような銀河では、光は、全体的に輝く恒星と光るガスの結合からきている。しかし、活動銀河では、エネルギーの出る量があまりにも高いので、これらの要因だけでは賄えない。その過剰のエネルギーは、銀河の中心にある活動銀河核に集中している。

　活動銀河核（AGN）は、多くの形によって宇宙全体で発見された。幾つかは、見かけは普通の銀河であるものの中に隠れている。また一番光輝なものは、それらが保有する銀河全体より輝く、さらに多くのエネルギーを放出している。AGN は、我々が見るほとんど全ての銀河内に発見される、巨大質量ブラックホールの明示である。そして、それらが宇宙を形成する中で、重要な役割を果たしてきた。

## クェーサー

　銀河中心部の観測は、1900年代初頭より行われていた。1950年代終盤までに、電波望遠鏡を使って夜空を探査していた天文学者が、恒星や銀河のような目に見える天体が、電波源

と一致すると見ていた。彼らは、多くの目で見える対象物は、普通に見える銀河であるが、幾つかは、恒星の輝きでほとんど識別できないぼんやりしたハローの中に、いつも埋め込まれている、光輝なブルーの恒星のように現れることを発見した。

それらは、準星電波源と称されたが、1963年まで謎として残った。1963年オランダ人天文学者マーテン・シュミットが、電波源3C 273の恒星のような対象物を観測し、その電波源のスペクトルを調査した。

その結果から、シュミットは、まるでその特徴は、グループとして赤い波長の方にシフトしていたけれど、水素に関係した多くの特徴に似ていることに気づいた。赤方偏移と呼ばれるこの現象は、天体が猛烈な速度で後退するときに起こる。シュミットが観測したその水素のラインは、赤方偏移0.158に対応する量によってシフトしていた。この値は、3C 273が約20億光年彼方にあることを示している。しかし、もし13等星のその星が、実際そのように遠いとき、それは普通の銀河より少なくとも100倍光輝に輝いていなければならない。

その後、天文学者が、別の電波源3C 48のスペクトルを調べて、赤方偏移0.3679に対応する特徴を確認した。この値は、3C 48が約40億光年彼方にあることを示している。さらに多くの準星天体の測定が続いた。それらは非常に遠距離だった。その後すぐに、「クエーサー」という専門用語が創られた。1973年までに、『アストロフィジカルジャーナル』に掲載されたジェロメ・クリスティアンの論文が、全てのクエーサーは、巨大銀河核で起こっていると結論づけた。それらは恒星のように

見える。何故ならば、それらは非常に光輝であり遠方にあるので、それらの周りにある銀河が容易に見えないからである。

多くのAGNは、X線を放射している。その波長で探査するとよく見える。天文学者は、また、AGNは赤外線で光っていることも発見した。何故ならば、それらの高エネルギー放射は、塵によって吸収され、長い波長で再放射するからである。

大部分の活動銀河は変化する。だから、天文学者は、幾らか時間をおいて同じ地域を画像に収めることによって、その事実を発見することができた。それらの可視光は、数カ月、あるいは数年の周期で明滅する。一方、X線放射は、数時間、あるいは数日の周期で変化する。これらの短い期間の変化から、AGNを活気づけるメカニズムと、それらが占める地域のサイズを突き止めることができた。その結果、研究者は1つのカギを握る問題「それらを何が活動的にしているか」に答えることができた。

1969年、ドナルド・リンデン・ベルが、太陽質量の100億倍の質量を持って、10光時幅の空間に詰め込まれたブラックホールの周りの重力的位置エネルギーは、クエーサーのエネルギー放出量を十分に説明できることを示した。彼は、質量幅を持ったブラックホール内へ、種々の率で落ち込んで行っている物質は、全てのAGNを説明していると主張した。

天文学者は、現在、近隣の全ての銀河の中心に、巨大質量ブラックホールがあると考えている。これらのブラックホールへの膠着は、AGNを活動させる中心のエンジンである。物質がそのブラックホールに近づいたとき、落ち込んで行く物質は、

螺旋状の膠着円盤をつくる。物質が、外部からイベントホライズンに向かって動くとき、その重力的位置エネルギーは、スペクトルに現れる放射に変わる。しかし、たとえブラックホールが物質を捕食していても、全ての銀河が活動的であるとは考えられていない。ただ、十分な膠着性があれば、それはAGNと言えるようである。

では、何がそのエンジンに点火させるか。銀河が結集し恒星を形成すると、ブラックホールに食料を与え、クエーサーを活発にする核内の物質が豊富になる。しかし、時間経過とともに、その燃料は枯渇し、クエーサーは活動を止める。銀河の寿命と比較すると、クエーサーの活動的寿命は短くて、銀河の発展の初期段階で起こる。クエーサーの活動が止まった後でも、AGNは再度活動を開始することがある。それは、銀河の融合、あるいは接近通過のような銀河間の相互作用が、物質を巨大質量ブラックホールに向かって内部へ集中させ、膠着を再スタートさせたときである。

クエーサーの進化と銀河の進化は、非常に密接に関係している。実際、宇宙における大部分の銀河が、それらの大量の恒星を形成している同じ時期に発見された。それらは、赤方偏移が2と3の間である。6億光年より近いところにあるクエーサーはない。


## 統一理論

AGNの統一理論は、AGNは異なった角度から見た同じタイ

プの天体であって、それらが目に見えても見えなくても、全てが同じ性質を持っているというものである。

全ての活動銀河核は、巨大質量ブラックホールから始まる。普通、それらは、太陽質量の100万倍、あるいはそれ以上の天体として定義される。そのイベントホライズンは数光時幅である。そのすぐ上に、膠着円盤と高温で球体のガスの冠がある。高速で動くガスの地域は、約100光日の距離である。約100光年外側で、AGNはトーラスによって取り囲まれている。そのトーラスは、ガスと塵のドーナツ型のリングで、中心のエンジン部分を見えなくしている。しかし、それは地球からだと、見えるか見えないかはその角度による。そのトーラスを越えた約1,000光年外側には、さらに小さいゆっくり動くガス雲の地域がある。

幾つかのAGNは、高速で動くジェットがある。それは、そのブラックホールに近いところの磁場から上がると考えられている。そのジェットは、数百光年、あるいは数千光年外部まで伸びている。それは、光速に近い速度で物質を吐き出している。

ここではブラックホールの構造について述べているので、拙書『ブラックホールの実体』p. 183の図を見てもらうと、この部分の説明を視覚的に捉えることができるだろう。

天文学者は、AGNの明るさは固有の性質からくると考えている。その性質には、そのブラックホールの使える燃料の量と、その燃料を消費する率を含んでいる。異なった膠着モデル、あるいは膠着のタイプは、観測される幅によるが、多かれ

少なかれ放射をつくると考えられている。可視光、X線、紫外線の高エネルギーで、非常に光輝にするという膠着モデルがあり、確かな量の物質を膠着するが、強い放射兆候を見せない別の膠着モデルもある。興味深い分野の1つは、次のようなことを理解しようとしている。それは、それらの異なった膠着モデルが、どのように興味を引き、そして興味を失うか、そして、それらが多くの表面的放射を行うとき、それらの放射がどのくらい長く続くかである。1つの大きなモデルがあるのか、それとも複数のモデルが正しいのか。

## ともに進化する

　銀河内部の巨大質量ブラックホールの発見は、他の発見にも繋がっていった。銀河の巨大質量ブラックホールの質量は、銀河の総質量やバルジ内の恒星の速度のような、銀河の中心部の確かな性質に相関関係があることがわかった。これらのリンクは、銀河とその巨大質量ブラックホールが、ともに形成され、進化することを示している。その規模においては、格段の差があるにもかかわらず、何故か、お互いに影響し合っている。

　大質量銀河の進化について、我々が学んだことの1つは、色と恒星の年齢という、我々が見ることができる性質を、再生するようにコントロールされていることである。そのキーは、たくさん恒星形成を増進することではなく、それを止めることである。そして、突然止めると、非常に早い時期に、その銀河はすぐに十分な年齢になり、その楕円銀河は、基本的に死んでし

第4章 銀河の中心部

まったように見える。AGN フィードバックは、恒星形成を止める1つの可能性のある方法だ。AGN からの風とジェットが、その銀河中心にエネルギーを注入する。すると、そのガスを加熱するので、崩壊できなくなり恒星を形成できなくする。これがある意味で、非常に速く、そして大々的に大質量銀河全体で恒星形成を止めることになる。

しかし、最初に、このような大質量ブラックホールが、どのように形成されたかは、今までのところ、AGN と銀河形成周辺の一番大きな未解決問題である。活動銀河は、天文学者が宇宙について考える方法と、その中で銀河が進化する方法を変化させた。その光輝なビーコンは、宇宙を形作って、天文学史において、その性質を理解するパワフルな道具を提供してきた。

## 赤方偏移、距離、そして時間

我々の宇宙は膨張している。ハッブルの法則によると、遠方の銀河は、近くの銀河より速い速度で後退している。天体が猛スピードで後退するとき、その光は、波長の長い方にシフトする。天体のスペクトルの中のラインが、シフトするときの小部分は、赤方偏移と呼ばれている。この小部分を計測することによって、天文学者は、ハッブルの法則を使って、銀河がどのくらい速く後退しているか、同様にどのくらい遠くにあるかを計算できる。しかし、この計算は、宇宙論的モデルからの入力を要求するので、天文学者は距離よりも、いつも単に銀河の赤方偏移を使う。赤方偏移値が高ければ高いほど、その天体は遠方

51

にあることになる。

　同じ宇宙論的モデルを基礎にして、任意に与えられた赤方偏移で、宇宙の年齢は推定できる。その関係は線形ではない。例えば、赤方偏移1は宇宙が約60億歳、あるいは現在の年齢の43％であることを示す。クエーサー活動は、宇宙における大部分の恒星形成率が、ピークに達したのとほとんど同じ時期にピークに達した。それは赤方偏移が約2で、宇宙が約30億歳、あるいは100億年前で現在の年齢の21％であった。

　今日までに、一番遠くにある最も古い知られたクエーサーは、赤方偏移7.4を持っている。それは、ビッグバン後、ちょうど6億9,000万年のとき輝いていた。それは宇宙が、現在の年齢の約5％を示す。

# 第5章 ミルキーウェイ銀河近隣

　ミルキーウェイ銀河とアンドロメダ銀河が、数十個の銀河の雑多な集合体の中で突出している。

　1世紀前、大部分の天文学者は、ミルキーウェイ銀河が宇宙のすべてであると考えていた。それが、1923年に突然変わった。そのとき、アメリカ人天文学者エドウィン・ハッブルが、アンドロメダ座にある大きな渦巻星雲内にセフィード変光星を発見した。これらの変光星の変光周期は、その光度に関係するので、ハッブルは、そこまでの距離を推定できた。彼は、その変光星、従ってその変光星を保有する渦巻星雲は、ミルキーウェイ銀河を越えたところにあると結論付けた。

　現在は、アンドロメダ銀河（M31）として知られているその渦巻銀河は、ミルキーウェイ銀河と同じような性質をたくさん持っている。両方の銀河は、数千億個の恒星を含むバーと、10万光年以上の幅であるディスクを持った渦巻銀河である。そして、天文学者は長い間M31は、ミルキーウェイ銀河の2倍から3倍の質量を持つと考えていたが、最近の研究は、その両者は、ほとんど同じ質量を持っているというヒントを与えた。

　この両者は、約250万光年隔たっているが、宇宙的に見るとお隣さんで、銀河のローカルグループに属している。この重力的に結びついた銀河の集合体は、約1,000万光年の幅を持ち、54個以上のメンバーを含んでいる。少なくとも、それらが、

多くの天文学者が今までに得たことである。小さくて光度の低い銀河を発見するためには、地球上の大きな望遠鏡が必要になる。だから、この大きな2個の銀河の影に、さらに2〜3個の矮銀河が隠れている可能性がある。これらの低い光度の伴銀河を見つけ、それらがお互いにどのように相互作用しているかを調べることによって、天文学者は、ミルキーウェイ銀河の進化と最終的な運命を理解することができる。

## 2 人の王と中庭

近隣でM31とミルキーウェイ銀河に続く銀河を見ると、サイズの上で大きな落ち込みがある。ローカルグループ内の3番目に大きい銀河である三角座銀河（M33）は、二大銀河のサイズのほんの10分の1である。夜空では三角座に見える、地球から約275万光年の距離にあるM33は、ローカルグループのただ1つのバーを持たない渦巻銀河である。それは、M31に比較的近いので、幾人かの天文学者は、アンドロメダ銀河の伴銀河であると推測している。

問題なく大マゼラン雲（LMC）が、ローカルグループの4番目に大きな銀河で、ミルキーウェイ銀河の伴銀河である。LMCは、約16万光年の距離にあって肉眼で見え、ミルキーウェイ銀河の分離された部分に見える。LMCは、旗魚座とテーブル山座の境界線上にあって、北半球の中緯度に住む観測者は、決して見ることができない。不規則銀河として分類されたLMCは、M33のだいたい5分の1の質量を持つ。これらの

第5章　ミルキーウェイ銀河近隣

大質量の各メンバーに対して、ローカルグループは、12個以上の矮銀河を保有している。矮銀河の多くは、街灯に群がる蛾のように、大きな銀河の周りを飛び回っている。アンドロメダ銀河は、少なくとも15個の伴銀河を保持している。その中に、2個の楕円銀河 M32 と NGC 205 を含んでいて、これらを望遠鏡で見ると、アンドロメダ銀河と同じ視野の中に見ることができる。ミルキーウェイ銀河は、12個以上の伴銀河を有し、その中に近い方の大マゼラン雲と巨嘴鳥座にある小マゼラン雲を含んでいる。奇妙なことに、M33は伴銀河を持っていない。

　大きな銀河とそれらの伴銀河から遠く離れると、数個の他の小さい銀河が、その残りから重力的には独立しているように存在している。これらの多くは、はっきり見えなくて、天文学者は、ミルキーウェイ銀河内の前方にある恒星から、それらを選び出すことに苦しんでいる。ローカルグループの一番遠くにあるメンバーは、六分儀座 A と六分儀座 B であるようだ。このペアは不規則銀河で約435万光年の距離にある。


## 宇宙的小世界

　ローカルグループは、大部分の科学者を困らせている。大きな銀河は、より多く遍在する小さい銀河よりも、容易に発見できて調査も楽である。例えば、生物学者は、顕微鏡で見る生物を観察して研究するよりも、象を研究する方が容易である。何故ならば、象の方が百万倍大きいからだ。恒星天文学者は、宇宙を見回したとき、大質量で非常に光輝な恒星を見ることにほ

とんど問題はない。しかし、ミルキーウェイ銀河の75％を占める、さらに小さくて光度の低い赤色矮星を発見し、詳細を探査しなければならない。夜空に輝く100個の光輝な恒星の中で、地球に近い方から100個の星を選んだとき、その中のわずか5個がそれに当たる。赤色矮星は十分な光度を持って輝かないので、肉眼で見ることはできない。

　銀河天文学者にとって、ローカルグループは、小さくてどこにでもある、銀河を探査するには近い完全な実験室を提供している。近隣の銀河集合体は、3個の渦巻銀河、2個の楕円銀河、9個の不規則銀河、そして少なくとも40個の楕円矮銀河、不規則矮銀河、そして回転楕円体矮銀河から成っている。9個の不規則銀河の中に大小マゼラン雲は含まれている。

　真に大きく宇宙を理解するために、科学者は、これらの豊富にある矮銀河と大きな銀河が、どのように関係しているかを研究する必要がある。


## マ シーンの中の幽霊

　豊富にある矮銀河と大きな銀河とが、どのように関係しているかを研究するために、天文学者は、ローカルグループ内の完全な目録が欲しい。それは思ったほど容易ではない。知られていないどの銀河も、非常に光度が低く、非常に薄く広がっていて、夜空に溶け込んでいるか、あるいはミルキーウェイ銀河の塵の多いディスクの背後に隠れているに違いないからである。

　2018年11月、天文学者のチームが、非常に光度が低く非常

に薄く広がっていて、夜空に溶け込んでいる銀河を発見したと発表した。アントリア2と名付けられたこの新しいローカルグループのメンバーは、研究者が「幽霊銀河」と呼んでいるミルキーウェイ銀河の伴銀河である。それは適切な表現である。その銀河は、本当に存在すれば、巨大な矮銀河である。それは、直径が大マゼラン雲と同じであるが、大マゼラン雲の光の1万分の1しか光を放っていない。それは、そのサイズでは光度が低すぎるか、その光度では大きすぎるかである。

　天文学者は、ESAのガイア探査機からのデータを解析しているとき、アントリア2を発見した。2013年12月に打ち上げられたガイア探査機は、17億個に近い恒星の高精度計測によるカタログ作りをしていた。

　その研究者たちは、RR琴座恒星を探すデータを、セフィード変光星に対する低い光度までシフトさせた。セフィード変光星は、かつてハッブルが、M31の銀河的性質を発見するために使ったものである。RR琴座恒星は、太陽のような若い星の中に見られる、質量の大きい元素をほとんど含まない古い恒星である。それらは、ミルキーウェイ銀河のあらゆる知られた伴銀河に現れるので、そのチームは、それらを以前には探知されなかった矮銀河に対する兆候として探査した。

　矮銀河に対して、アントリア2は、幾つかの大きな問題を提起した。その小さい質量は、典型的な伴銀河のものだが、その大きな容積は、そうではない。ミルキーウェイ銀河からの潮汐力が、アントリア2の恒星を剥ぎ取って、その質量を小さくしたが、そのプロセスは、アントリア2の容積を成長させずに縮

小させた。「アントリア2は、変わり者である。我々は、この銀河が氷山の一角であって、ミルキーウェイ銀河は、この銀河と同様のほとんど見えない大量の矮銀河に取り囲まれているかどうかを考えている」と言う天文学者もいる。

　アントリア2は、現在、ミルキーウェイ銀河中心から約425,000光年のところにあるが、その軌道は、150,000光年のところまで接近する。しかし、それでも十分に遠いので、数十億年間は、その矮銀河を傷つけずに保てるようだ。

　しかし、すべてのミルキーウェイ銀河の伴銀河が、そのように幸運ではない。特に、射手座回転楕円体矮銀河として知られているものは、ミルキーウェイ銀河のディスクを数回通過した。ミルキーウェイ銀河の潮汐力が、それを引き裂いたので、その矮銀河は、徐々に恒星ストリームに分解していった。この矮銀河の中心は、ミルキーウェイ銀河の中心から約82,000光年の距離にある。子犬座矮銀河は、約42,000光年とさらに近くにあるので同じように分解した。最終的に、ミルキーウェイ銀河は、これらの矮銀河、そして他の小さい伴銀河を捕食して成長する。一方、伴銀河の数は縮小していく。

　なお、「幽霊銀河」については、第15章「幽霊銀河」第16章「幽霊銀河の発見」で詳しく述べている。また、「射手座回転楕円体矮銀河」については、拙書『ミルキーウェイ銀河』第3部「ミルキーウェイ銀河崩壊」第3章「銀河の捕食」「射手座回転楕円体矮銀河の発見」を参照されたい。

第5章　ミルキーウェイ銀河近隣

## マゼラン雲の衝突

　もちろん、重量級ミルキーウェイ銀河と軽量級伴銀河の間の戦いは、一方的な結果になる。しかし、2つ以上の同重量の戦いが起こった場合、その結果はどうなるか。そのときマゼラン雲のようなものを考えるだろう。この不規則銀河は、多くの恒星形成を経験している。

　別の天文学者が、ガイア探査機データを使って、小マゼラン雲内の315個の恒星の動きを調査した。2018年10月、その研究者チームが、小マゼラン雲内南東にある恒星は、小マゼラン雲の潮汐力に反して、大マゼラン雲に向かうような動きをしていると発表した。コンピュータモデルによると、大小マゼラン雲は、2～3億年前、正面衝突した可能性が高いことを示している。

　この2つは中量級の銀河であって、多分、何度も衝突を繰り返していたようで、最終的に1つに融合するだろう。しかし、ローカルグループの圧倒的な潮汐力による重力的力関係は、2個の重量級銀河の衝突のとき最高潮に達する。観測結果によると、M31はミルキーウェイ銀河への正面衝突コースに入っている。その最初の接近は、40億年弱後に起こる。その強力な潮汐力が、両方の銀河を変形させ、それらの整然としたディスクをガスと恒星の煩雑な斑点に変える。それから20億年から30億年後、それらは最終的に融合して、1つの巨大な楕円銀河になる。天文学者は、その銀河に「ミルクアームミーダ」という名前を付けている。

59

M33は、その衝突後、しばらくの間、ミルクアームミーダの周りを公転するが、最後は、それらの重力的引きに屈する。ローカルグループ銀河の残りも、数百億年を要するが、最終的に全てが融合する。

　その20億年から30億年の間に、将来の天文学者は、ローカルグループとそのメンバーについてよく理解して、それらを構成要素として、どのように宇宙が進化するかについて、さらに理解を深めることになるだろう。数十個の銀河の雑多な集合体に対して、悪い遺産ではない。

# 第6章　局所的銀河団

　乙女座超銀河団は、ローカルグループの10倍の直径を持っている。ローカルグループは、銀河の小さいグループと銀河団を集めて、銀河の巨大都市にしたものである。

　我々が住むミルキーウェイ銀河は、その近隣に十数個の近隣矮銀河を伴って、大きな宇宙のネットワーク内で小さい束に属している。最も大きなスケールで、その環境が宇宙にどのように適合しているかを理解するためには、定義が驚くほど重要になる。

　それらの定義の多くは重力を含んでいる。その重力は、種々の規模において機能している。恒星は、重力的に、高温でイオン化したガスの塊と結合している。そのガス内で、恒星核で核融合がエネルギーを創り出している。銀河は、ガス、塵、そして数百万個、あるいは数十億個の恒星の、重力的に結合したシステムである。銀河のグループが、次に来る。そしてそれは、普通20個から30個のメンバーを持つ。数百、あるいは数千個の銀河を持った銀河団は、大きく重力的にお互いを束縛し合った天体で、そこでのお互いの引き合いは、非常に強く、宇宙の膨張力でも、それらを切り離せない。

　このスケールにおける階層内で、次に来るのは何か。そこで定義がさらに複雑になる。どの銀河が、与えられた構造に属するかを決定するために、現在議論している構造についての定義

が必要になる。ここで、それは単純でなくなる。銀河のグループと銀河団は、それぞれ重力的に結びついたシステムであるが、さらに大きなものはない。

天文学者は、幾つかの銀河団が、さらに大きな地域に固まっていることを知っている。しかし、そこで、重力による引きの効果が、重力的結合システムに対する天文学者の定義によって異なってくる。近隣の銀河グループと銀河団は、その中の個々のメンバーが、重力的に結合していて、さらに大きな構造の重力的引きを受けている。そして、それらは多くの天文学者が、ローカル超銀河団と呼ぶものの中にある。その超銀河団は、ローカルグループを含んでいる。この構造は、また、ときどき別の名前で呼ばれている。それは乙女座超銀河団で、乙女座の中に見られる一番大きな銀河団だからその名前が付いた。ローカルグループは、乙女座超銀河団のほぼ中心にある。

しかし、再び、その構図もそのようにシンプルでなくなる。そして、定義がカギを握る。ローカル超銀河団とその周辺の定義の問題は、銀河天文学が、まだ始まったばかりの頃に遡る。

## 全てを名前の中に

1970年代中盤以来、天文学者グループは、近隣の銀河を星図に表し、それらの動きを計測してきた。そして、それらを繋ぎ合わせて、いわゆる局所的な宇宙の完全な構図を創った。

その天文学者グループの一人は、局所的超銀河団の名前と定義を天文学者ジェラルド・デ・ヴォークールーの発案に従う

ようにした。1950年代の数編の連続的な論文において、デ・ヴォークールーは、夜空における1つの地域内の銀河の高密度性を指摘した。ローカルグループと他の近隣銀河は、さらに大きな構造の一部であるようだった。そのさらに大きな構造を、彼は最初、局所的超銀河団と呼んでいた。それは、さらに大きな構造が、中心点の周りを回転していることを指摘する証拠を基にしていた。

　専門用語「超銀河団」は、恒星ではなく銀河から成る回転する銀河というアイデアからきた。1950年代の終わりまでに、デ・ヴォークールーは、1958年11月29日に『ネイチャー』に掲載した論文の中で、その構造の代わりに「超銀河団」と称し始めた。そして「この解析は、銀河の局所的超銀河団は、中心に乙女座銀河団を持つガス雲と、銀河団のグループの不規則な集合体であるという結論を支持した」と書いた。

　銀河団は、いつも密度が高い球形の塊であるが、ローカル超銀河団の不規則な集合体である球形の塊は、構成要素グループ、ガス雲、そしてゼリービーンズと同様の楕円体の形状をした銀河団の集まりである。その最も広いところで、局所的超銀河団は、約1億光年の広がりを持っている。ローカルグループの中心から約3分の2から4分の3のところにいる観測者として、その距離計測を行っている。

　天文学者は、その発見以来、数十年間に亘って、局所的超銀河団を星図に表し定義し続けてきた。彼らは現在、ローカルグループは乙女座銀河団から生じている、弱々しい小さいフィラメントの中にあることを知っている。我々の近隣銀河である

セントーリ A、M81/M82 グループ、そしてマッフェイ銀河グループは、我々とその超銀河団の間にいる。大熊座グループは、乙女座銀河団の近くにある。

## 動きを追跡

探知と解析テクニックが改善されたとき、天文学者は、乙女座超銀河団が重力的に結びついた天体ではないことに気づいた。その物語は、さらに複雑であって、1950年代からの単純な定義では多分十分ではない。

デ・ヴォークールーと他の天文学者は、当初、その超銀河団内の銀河からくるレインボーのようなスペクトルを見ていた。そのスペクトルが、地球上の安定した光源から出るスペクトルと比較して、どのくらいシフトしたかを計測することから、天文学者は、その銀河がどのくらい速く動いているか、そして、どのくらい遠くにあるかを知ることができた。天文学者は、夜空において、その距離と銀河の位置を結合する。この操作を数百個の銀河に対して行うと、超銀河団内の銀河分布の3D星図ができる。

1980年代までに、天文学者は、宇宙の膨張の背景から離れた、その構造の詳細な動力学、あるいは動きを理解し始めた。もはや、夜空に光の点を表すことに限られなくなった。彼らは、それにともなった銀河の動きによって、根本的な構造を見るようになった。

その構造は驚くべきものだった。乙女座銀河団に向かって、

つまり、その超銀河団の中心に向かって動くのではなく、局所的超銀河団内の全ての銀河は、乙女座銀河団とは並行しない点に向かって動いているようだった。乙女座銀河団も同じ地域に向かって動いている。天文学者は、その神秘的な地域をグレートアトラクターと称している。

　しかし、何がその局所的超銀河団を越えたところにあるのか。湖に向かって激しく水が流れ込む川によって運ばれる木の葉のように、各銀河は、重力の流れに従っている。さらに小さい湖は、最終的に大きな水溜まりに水を供給する。局所的超銀河団は、そのような小さい湖の1つであるのか。それは何に水を供給しているのか。どのような大きな水の溜まり場が、グレートアトラクターを含んでいるのか。

　その謎を解くために、天文学者は、各銀河の多くの異なった動きを解明する必要があった。一番大きな動きは、ハッブルの流れと呼ばれている宇宙の膨張からくる。ハッブルの流れは、ものをさらに遠くへ運ぶ宇宙の膨張を表現している。しかし、銀河の、存在するその構造を決定するさらに小さい、そして重要な動きは、銀河間の重力的引きからくる。固有速度と呼ばれているこの動きは、ハッブルの流れを減ずる。固有速度から、その質量がどこにあるかがわかる。

　数年間に亘って、天文学者は、局所的な宇宙において、2万個近い銀河の動きを計測し星図に表した。その観測結果から、銀河の位置に対する3つの数字を見つけた。1つの数字は視線速度である。これは、我々の視線に沿った速さである。もう1つは、動きの不確実さに対する数字である。それは2万個の

データポイントに対する各々の５つの数字である。しかし、そのデータポイントは無関係な数字ではない。それらは、全てお互いに関係がある。何故ならば、それらは、重力を通した相互関係があるからだ。その研究者チームの解析の目標は、どのようになっているかを解明することだった。

　その天文学者グループは、彼らの解析結果を2017年12月１日の『アストロフィジカルジャーナル』に掲載した。彼らの論文は、70年前に定義された局所的超銀河団は、局所的な宇宙の大きな地域に関係していることを示している。グレートアトラクターは、現在、ラニアケア超銀河団と呼ばれているものの中心である。そして、局所的超銀河団は、その大きな構造のほんの１つの集合体である。彼らは、ラニアケアを真の超銀河団と呼ぶ。何故ならば、その境界内のどれもが、それに向かって重力的に動いていて、その境界を越えたところにあるものは、どれも離れるように動いているからだ。


## 歴史書に対して

　何が、以前に知られていたローカルグループ、あるいは乙女座銀河団、あるいは超銀河団になるのか。それは歴史的に見ると興味深いだろう。局所的超銀河団は、局所的な宇宙の中で、銀河の構造を解明する努力において、重要な役割を果たしていて、天文学者に、さらに遠いところを観測し続ける勇気を与えた。

　さらに遠くの天体を調査することによって、天文学者は、近

第6章　局所的銀河団

隣の銀河団は、巨大な宇宙のウェブの中で、全てが絡み合っている、さらに大きな塊に属していることを発見した。このウェブをつくっている複数のフィラメントは、銀河のグループ、あるいは銀河団を保有する束をつくっている。束とフィラメントの間に、ボイドと呼ばれている物質の間の巨大なギャップがある。束は過剰の質量を持つけれど、ボイドはもっと質量が少ない。これらの十分な密度を持たない地域は、過剰に密度を持つ地域と同じように重要であるようだ。天文学者は、これら近隣のボイドの1つが、どのくらい重要かを説明した。空虚な地域は、物質を遠くへ押しやらないが、質量が大きい地域がするより、遥かに少ない引っ張りをする。それは、その間のガス、あるいは銀河が、さらに質量の大きい方向へ動くことを意味する。この場合、局所的なボイドからは離れて、グレートアトラクターに向かって動くことを意味する。

　しかし、最終的に、それらの動きさえも、宇宙の加速する膨張による引っ張りの中で失われる。遠い未来、多分、今から1千億年後、個々の銀河団は凝縮して、自分の重力によって崩壊する。宇宙の膨張は、あらゆるものを他のものから引き離す。その結果、乙女座銀河団の外にあるどれもが、遥かに遠いところに行くので、それらの他の銀河からの光も、乙女座銀河団、あるいは我々には到達しなくなる。


## ラニアケアを見よう

　2014年9月、天文学者は、ラニアケア超銀河団の発見を発

表した。その名前はハワイ語で「巨大な天空」を意味する。その途方もなく大きい構造は、10万個以上の銀河を含んでいて、その中に、乙女座超銀河団の中の銀河が含まれている。そして、この構造は、太陽質量の$10^{17}$倍の質量があり、5億2,000万光年の幅を持っている。さらに、この構造は、局所的超銀河団として乙女座超銀河団に取って代わった。依然としてよくわかっていない地域であるが、グレートアトラクターは、ラニアケアの中心にある。

　天文学者グループは、銀河が落ちていくところを見るために、夜空の銀河の位置を星図に表すことによってだけではなく、それらの動きが、宇宙の膨張の動きからどのように異なっているかをチャートすることによって、ラニアケアを発見した。このテクニックは、天文学者が望遠鏡を通して見ることができる物質のみではなく、その地域の全ての質量分布を明らかにしたことを意味する。以前は、乙女座超銀河団に含まれると定義されていたその銀河グループは、そのグレートアトラクターに向かって秒速約600kmでラニアケア超銀河団の中心に、一緒に落ち込んで行っている。

# 第7章　宇宙の端

　最も遠方にある銀河は、最も古い幾つかであるばかりでなく、全宇宙を形成した足場をつくっている。

　ダグラス・アダムスが *The Hitchhiker's Guide to the Galaxy*『銀河ヒッチハイク・ガイド』の中で述べたように、宇宙は大きい。本当に大きい。どのくらい巨大で、信じがたいほど大きいかは、信じられないだろう。

　実際、宇宙は途方もなく大きいので、最も遠方にある銀河に焦点を絞ったとき、宇宙を横切って見渡しているばかりではなく、宇宙の過去をも見えていることになる。そして、多くの歴史家が言うように、過去から学ぶことができるものがたくさんある。

　最も基本的ではあるが、パワフルな物理の原則の１つは、速度の限界、秒速299,792 km が存在することだ。この速度は、光をもってしても破ることはできない。人間の歴史の大部分において、光速は、我々の人生にはほとんど重要ではない。しかし、我々が望遠鏡を発展させ、改良して、夜空の奥深くを覗き込んだとき、光の天文学における速度は、天文学的な宇宙の距離測定に必要になった。

　光が宇宙を横切るのに必要な時間は非常に長い。我々が宇宙の縁付近にいる銀河を観測するとき、130億年前の光を見ていることになる。近代的な望遠鏡のヘルプによって、時間的に見

て、実際に過去を覗き込むことができるようになった。すると初期銀河が形成されたすぐ後、宇宙はどのように見えたかを知ることができる。さらに向こう2～3年の間に、最初の銀河形成そのものを見ることができるかもしれない。

## 記録破りの遠方銀河

一番古く、最も遠方にある銀河というタイトルには、今日、変化が多い傾向にある。今のところ、GN-z11として知られている銀河が、タイトル保持者である。これは、約134億年前に存在した。これについての論文は、2016年、『アストロノミカルジャーナル』に初めて掲載された。この遠く離れた銀河は、途方もない320億光年彼方にある。この極端な距離は、宇宙の膨張が可能にしている。

ハッブル宇宙望遠鏡によるGN-z11の分光器計測を使って、天文学者グループが、宇宙がちょうど4億歳、あるいは現在の年齢の3％のときまで戻ってみることができた。この時期の遠方の銀河は、今日のミルキーウェイ銀河の大きさのほんの一部であったけれど、彼らは、GN-z11が、ミルキーウェイ銀河の約20倍の率で、高温で若い大質量星の群れを大量生産していることを発見して驚かされた。

GN-z11について最も興味深いことの1つは、この時代の銀河にしては、予想外の明るさで、大質量であることだ。依然として、何故、GN-z11がそうなのかに確信はない。しかし、それが予期しない光度であることに、少し疑いがある。

70

第7章　宇宙の端

　天文学者は、すでに、初期段階の銀河は、多くの光輝に輝く恒星に対して、最も厳しい可能性を考えたので、彼らは、このように宇宙の初期の段階で、それらを見ることを全く予期しなかった。

　これは、複数の大惨事が起こった結果からきているかもしれない。ほとんどが、水素とヘリウムである原始ガス雲が、内部に落ち込んで行って、お互いが衝突を繰り返す。その質量の大きい元素を含まないガスの中で、光輝な大質量星が形成されている。そして、そこから出るパワフルな衝撃波が、ガス自体の中に波紋を起こしている。これら全てのことが、新しい恒星形成バーストの引き金を引いた。そのバーストが、初期銀河として見る劇的で、コンパクトで、青い恒星の集塊を見せていると説明できる。

　しかし、極めて遠方にあるGN-z11でも、出現した最初の銀河の1つではないようだ。出現した最初の銀河は、GN-z11のように非常に小さくて、恒星形成率が非常に高いが、もっと光度が低く、質量も小さい恒星から成り立っているはずである。最初に出現した銀河は、バーストの中で起こる全ての恒星形成からの、非常に若いブルーの天体のように見える可能性が高いとみられている。

　GN-z11のような、宇宙の縁付近にある特有の銀河を研究することによって、初期宇宙について多くのことを学べるが、個々の場合の研究から結論付けられる多くのことがある。記録破りの銀河研究は、価値あることだが、銀河の質量を研究することの方が、さらに価値があるようだ。

71

# 宇宙のスカイライン

1996年初頭、ハッブル宇宙望遠鏡が、有名なハッブル・ディープ・フィールド画像の最初であるハッブル・ディープ・フィールド・ノース（HDF-N）を公開した。これは、さらに多くの非常に遠方にある銀河観測への道を拓いた。ハッブル宇宙望遠鏡は、大熊座内にある夜空の小さい特に何も無い地域を、合計100時間以上露出して画像を撮った。その驚くべき画像が、民衆を、そして科学者を驚かせ、それに関する研究論文に、それ以来1,000回以上参照された。

HDF-N画像は、3,000個近い小さい銀河を捉えた。そこには、2〜3の渦巻銀河から、多くの不規則銀河、そして楕円銀河という幅があった。楕円銀河は、いつも融合しているように見えた。それらの銀河は、夜空の2,000万分の1以下をカバーする小さい地域にパックされていた。天文学者は、以前、少数の遠方銀河を研究したけれど、HDF-Nは、赤方偏移約6に達する大きな銀河調査をする最初のプロジェクトであった。赤方偏移6は、ビッグバン以後10億年の時間経過を示している。その画像の中に含まれたデータを基礎として、天文学者は、初期宇宙における古代銀河は、現在よりもはるかに頻繁に衝突したと推定している。

時間経過とともに、他の天文学者が、宇宙における最も遠方にある天体探査で、ハッブル・ディープ・フィールドプロジェクトに加わった。例えば、Great Observatories Origins Deep Survey（GOODS：壮大な深淵宇宙探査観測）は、NASAと

ESAのジョイントプロジェクトで、それぞれの機構の主要望遠鏡による、多くの波長によって収集された深淵宇宙のデータを結合した。そこには、NASAのチャンドラX線望遠鏡、ハッブル宇宙望遠鏡紫外線、可視光、近赤外線、そしてスピッツァー宇宙望遠鏡赤外線、ESAのハーシェル宇宙望遠鏡遠赤外線、サブミリメーター、XMMニュートンX線望遠鏡、そして幾つかの世界最大の地上天文台望遠鏡が含まれる。その探査が、2010年ごろ徐々に終わるまで、それは、赤方偏移約7に達する多くの原始銀河を天文学者が研究する手助けをした。そして、彼らを宇宙の最初の10億年に存在した銀河に向かわせた。

　しかし、現在、天文学者は、さらに過去へその視野をセットしている。Beyond Ultra-deep Frontier Fields and Legacy Observations（BUFFALO：超ウルトラ・ディープ・フロンティア・フィールド遺物観測）がミッションを始めた。その内容は、6個の知られた銀河団を使って、重力レンズ効果として知られている現象の助けを借りて、ハッブル宇宙望遠鏡のすでにある驚くべき機能をさらに発揮させることであった。

　これら6個の中間範囲内にあるBUFFALO銀河団は、大質量の重力源を持っていて、それが自然の望遠鏡として機能する。実際には、それがさらに遠方で起こった超新星爆発、クエーサー、そして銀河からの光を捻じ曲げたり、拡大したりする。拡大鏡としてその銀河団を使うことによって、そのプログラムは、130億年前から存在した天体まで遡ってみようとしている。それは、赤方偏移約8付近に対応している。特にその探

73

査は、次のようなことを目標にしている。ビッグバン後、どのくらい早く若い銀河が形成されたかを決定する。初期銀河形成が、宇宙にあるダークマターの分布に、どのようにリンクしているかを探究する。そして、2021年に打ち上げられたジェームス・ウェッブ宇宙望遠鏡（JWST）によって、追跡観測する価値あるターゲットを確認することである。

　巨大な数である遠方の銀河を観測する重要性にもかかわらず、初期宇宙のスナップショットからでは、深淵の宇宙について知りたい全てのことがわからない。しかしこのように遠方の視点からだと、天文学者は、初期宇宙の巨大な宇宙的風景を十分に把握することができる。そして、若い光輝な恒星形成中銀河は、研究者が初期の銀河個体群を星図に表したものに街灯のように機能する。その結果、これらが、宇宙ウェブの上に、銀河が形成される巨大な足場の概観図を供給する。


## 宇宙ウェブの解体

　過去20年から30年の間、大規模銀河探査と進化したコンピュータシミュレーションは、一般に、宇宙ウェブと呼ばれている相互に連結したフィラメントと、束の複雑なネットワークに沿って、宇宙空間内の物質が集中していることを示していることがわかった。銀河、銀河団、そしてダークマターによって増強された、超銀河団の途方もない巨大な重力が、この巨大なウェブの束を形成している。一方、宇宙形成時に取り残された中性水素と、さらに多くのダークマターの撚り糸のようなもの

第 7 章　宇宙の端

が、宇宙的ジャンクションで結合している。

　大きさにおいて、超銀河団を小さく見せる大質量宇宙構造に対する初期の痕跡に、1980年代に初めて光が当てられた。それは、魚座鯨座超銀河団複合体の発見の時だった。我々のいる乙女座超銀河団を含む超銀河団のこの集まりは、約1億5,000万光年幅で、約10億光年の長さを持っている。

　1990年代全般で、天文学者は、さらに巨大な構造を発見し続けた。そして、2003年、スローンディジタル全天探査からのデータを使って、宇宙における最大の観測された天体の1つであるスローン・グレートウォール（SGW）を確認した。この宇宙ウェブ内の大質量フィラメントは、セントールス座、烏座、そして海蛇座に延びていて、約14億光年の長さで、地球から数十億光年彼方にある。2011年の研究は、そのウォールは、実際には3つの識別された構造からできていることを示したが、それが実際に連続した構造であれば、それは確実に宇宙における最大の、知られた重力によって束縛された構造のトップ10に入る。

　まとまった数十億光年に亘る大きさの構造の、最初の観測以来数年間、宇宙ウェブは、宇宙論の基本的教義の1つになった。しかし、それにもかかわらず、天文学者は、依然として、複合体ネットワークの特徴、あるいは全体的構造物については、ほとんど知らない。それを探究するために、彼らは主に最新のモデルを使って、コンピュータシミュレーションをして、仮想の宇宙を創造している。その前は、実際の宇宙の観測とそれらのシミュレーションを比較することだった。しかし、近

75

年、研究者は、宇宙ウェブそれ自体の、さらに多くの観測的証拠を収集してきた。

2014年、天文学者が、遠方のクエーサーの光を使うという先例を打ち立てて、宇宙ウェブ構造を探究した。巨大質量ブラックホールの捕食によって、活性化された、極めて光輝な活動銀河核であるクエーサーは、ときどき十分光輝に輝いて、宇宙ウェブをつくっている太古の水素の鎖のようなものを照らすことができる。

ハワイの10mケック望遠鏡を使って、彼らは、古いクエーサー UM 287を観測した。このクエーサーは、宇宙が約30億歳のとき存在したものである。スポットライトとして、光輝なクエーサーを使うことによって、その研究者たちは、遠方の宇宙ウェブフィラメントの初めての画像を捉えることができた。そのフィラメントは、銀河間に延びた、散らばった水素の200万光年の長さを持つ撚り糸のような形状の輝きをしていた。彼らは、その新しく発見した構造に「ナメクジ星雲」という名前を付けた。

これは、非常に例外的な天体で、以前に探知されたどの星雲よりも、少なくとも2倍の大きさのある巨大なものである。そして、それは、クエーサーの銀河的環境を超えて広がっている。しかし、我々は新しいデータを解析していて、さらに大きな星雲に対する確かな候補者を持っている。

ナメクジ星雲の途方もないサイズに加えて、研究者は、また、如何に光輝にその宇宙ウェブフィラメントが輝いているかを見つけて驚いた。

第7章　宇宙の端

　少なくともクエーサー、あるいは光輝な銀河の周辺では、そのフィラメントは、予想以上に光輝である。それは、その中のガスの分布が、現在の多くのモデル内で見られるよりも、塊の多いものであることを示している。互い違いにそのガス雲は、フィラメントの中の、フィラメントのような密度の高い構造の連続体のような形状をしているので、塊が多いように見える可能性がある。残念ながら、詳細を知るには少なくともジェームス・ウェッブ宇宙望遠鏡（JWST）が必要になる。この望遠鏡は、このような宇宙ウェブフィラメントの構造を、さらに深く研究するだけの解像度を持っている。

　JWSTのような超精巧な望遠鏡を開発し、建造し続けることによって、研究者は、遠い過去の宇宙を見つめ、宇宙ウェブの一部として、光輝な銀河に連結している、低い光度で光っているガスを探知することができるだろう。そして、直接、これらのタイプのものを見るより良い方法はないようだ。シミュレーションとモデルは、科学者が宇宙を理解するために創ったただの道具である。しかし、実際の理解は、これと実際の観測結果を比較したときにのみ可能になる。その比較は非常に難しいが。


## 過去の探査

　宇宙ウェブの研究は、依然として初期段階であるが、科学技術の発展が、観測的知識的地平線をさらに押し拡げつつある。そして、これらの発展から、どんどん若い銀河まで戻ってみる

77

ことができる。その結果、それは、宇宙の進化の初期段階の背後にある謎を解明する手助けになる。宇宙の縁にある銀河を観測することによって、天文学者は、全宇宙が形成された土台を観測的に知ることができる。そして、さらに奥深く掘り進めば掘り進むほど、より多くの宇宙ウェブ構造を発見することになる。

# 第8章　銀河の相互作用

　今日、銀河は数十億年間の銀河の融合を示している。その融合の幾つかは、静かな融合で、他の融合は、そのように静かではない。

　晴れた夏の夜、田舎に向けてドライブして、できるだけ暗い場所を見つけてほしい。さそり座と射手座を見つけて、それらの星の輝きの中に、暗い場所を探してほしい。そのときあなたが見ているものは、ミルキーウェイ銀河中心を回っている塵の尾である。その塵は、そこで始まってはいない。それは、今日我々が見ているミルキーウェイ銀河内へ、引き込まれた無数の小さい銀河からの塵である。

　実際、夜空に見える全ての大きな銀河は、小さい銀河の集合体である。ときには2つの同じサイズの銀河からのものもある。小さい銀河の基本的な構成物質は、球状星団である。それは、重力的に互いに影響し合っている恒星グループだ。一度、星がお互いに重力的に引き合うと、数個の球状星団が、矮銀河を形成し始める。そして、そこから、雪玉のように大きくなっていく。そのようなものは、もう1つの同じようなサイズのものと融合して、ちょっと大きな銀河をつくり、それが何度も繰り返される。

　今日の銀河は、数十億年間の融合の賜物である。そして、そのいくつかは、他のものより静かな融合であった。天文学者

79

は、最も近隣の銀河を3つの主要クラス、楕円銀河、渦巻銀河、そして不規則銀河に分類できる。しかし、時間をずっと遡ると、ほとんどすべてが不規則銀河である。高い赤方偏移値を示すこれらの銀河は、奇妙な見慣れない形状をしている。なお、高い赤方偏移値を示す銀河は、より遠くにあり、より速く我々から離れるように動いている。

高赤方偏移値で、ちょうど回転楕円体状である銀河が見える。しかし、実際に見ている全ては、単なる恒星のボールである。それは、そのボールが転がって、今日我々が見ている銀河になるという単純な恒星のボールである。

## ミルキーウェイ銀河の場合

ミルキーウェイ銀河の最近の融合史は、静かだったようだ。しかし、全ての銀河のように、ミルキーウェイ銀河も複数の構成ブロックからの産物で、依然として、その近隣の幾つかの銀河を融合している。伴矮銀河とさらに大きなホストになる銀河の間の、必然的な重力によるダンスの中で、ホスト銀河はそれら矮銀河を引きつけている。

例えば、ミルキーウェイ銀河は、南半球からは容易に見られる不規則銀河である大小マゼラン雲に影響を与えている。同じことが両方の銀河間でも起こっている。ミルキーウェイ銀河は、ゆっくり物質を吸い取って、ガスのフィラメントにして引っ張っている。これは、大小マゼラン雲が、また、お互いに引っ張ったり押したりしているとき起こっている。

第8章 銀河の相互作用

　大小マゼラン雲は、お互いに作用している。そのとき、ミルキーウェイ銀河は、大小マゼラン雲システムから来るガスの流れとともに、これらのペアも引っ張り込んでいる。幾つかの伴銀河は、大きな銀河に対して一種の死の螺旋軌道で終わる。それらは、最終的に、運動摩擦とミルキーウェイ銀河の重力的引きによって落ち込んで行く。その時間的規模は、その軌道によるが、非常に長い。

　矮銀河が、さらに大きな銀河に引き寄せられているとき、2つのことが起こっている。塵が、外部を剥ぎ取られた矮銀河を残す、ラム・プレッシャー・ストリッピングとして知られているプロセスの中で、引き出される。重力もまた星を内部に引っ張る。そして、その矮銀河は、射手座ストリームのように見えるようになり始める。そのストリームは、射手座回転楕円体矮銀河から剥ぎ取られた恒星で、現在、ミルキーウェイ銀河に螺旋軌道で落ち込んでいる。

　あるときミルキーウェイ銀河は、大きな銀河と融合しただろう。大きな融合の最後の可能性は、ずっと昔であった。それは、ミルキーウェイ銀河ディスクが形成されたときだったようだ。

　ミルキーウェイ銀河は、異なった速度で動いている恒星から成る2つのディスクを持っている。薄いディスクは、ミルキーウェイ銀河の誕生から存在したが、厚いディスクは、融合の間に塊になった。融合した銀河が、どのようなものであるかは、まだ十分に理解されていないようだ。

　なお、ミルキーウェイ銀河の薄いディスクと厚いディスクに

81

ついては、拙書『ミルキーウェイ銀河』第2部「ミルキーウェイ銀河内部」第2章「銀河の形状」「構成要素」を参照されたい。また、射手座回転楕円体矮銀河についても、同書の第3部「ミルキーウェイ銀河崩壊」第2章「銀河の捕食」「射手座回転楕円体矮銀河の発見」を参照されたい。


## 融合と獲得

　大融合の中で何が起こっているか。恒星と塵でできた2つのグループは、大きな質量を持っているとともに、銀河の中の天体間の空間もまた大きい。これは、融合の効果が、銀河の構造そのものに対して最高であっても、それらは必ずしも、その中の恒星に大きく影響を与えない。

　これらの融合の大部分の時間、恒星たちはお互いの間を正しく動き、そして、実際には、ただ重力的に相互作用するだけである。その中の天体は、それらを取り囲んでいる、他の天体からの余分の重力的な引きのため、ほんのわずか動揺させられるだけである。しかし、それらは普通衝突しない。

　物事は奇妙に成る。本当に奇妙に。ちょっとアンテナ銀河（NGC 4038とNGC 4039）を見てほしい。それらは、1つになるプロセスの中にいる。尾のように見える恒星は、それらが内部へ動いたとき、数千光年の広がりの中へ投げ出された。そして、銀河核が近くを動いている。最終的に、2つの天体は、もっと規則正しい形状に収まるが、今はそうではない。

　2個の大きな銀河の間の普通の融合のとき、それらは、最

初、お互いがスリングショットのように通過する。これが、その銀河の塵を崩壊させる。そのニアミスの後、それらは近くまで動き、その後、再び離れるように動く。しかし、その接近通過は、十分にそれらの構造を不安定にさせ始める。そのとき、銀河は正式に融合を始める。ときには時間経過とともに、収まった恒星と塵の雲のように見える。そして、以前の中心地域は混じり合って、新しいさらにパワフルな重力の中心を創る。

## 過去の接近

　アンドロメダ銀河は、すでに過去に一回融合を経験している。その銀河は、2個の巨大質量ブラックホールをその中心に持っている。もし融合がなかったとすると、普通でない何かに成る。融合した2個の巨大質量ブラックホールを持つのか。それは全く異なった課題である。

　コンピュータシミュレーションでわかったこと、あるいはしばらく言われていたことは、2つのブラックホールを適当な距離において、そこに繋ぎ止める。奇妙なことに、それらのブラックホールが融合すると、レーザー・インターフェロメトリー重力波観測（LIGO）の探知能力を超えた重力波が創られる。だから、それらに落ち込んで行くガスから発生する、花火大会を見ることができる可能性が高い。

　我々と巨大質量ブラックホールの間にあるものは、ファイナル・パーセク問題である。それは、2つのブラックホールを融合させない物理的限界である。その代わり、数十億年間続く公

83

転軌道上にロックされるというものである。

　一度、銀河が形成されると、その詳細を調査することなく、それらの融合史を見る方法は、たくさんはない。それらを融合させないでいることは困難だ。しかし、全ての大きな銀河は、融合によってでき上がる。そして、他のさらに大きな融合が、次に控えているようだ。

# 第9章　銀河の食い合い

　幾つかの銀河は、悲惨な秘密をもっている。それらは兄弟を食べたということだ。

　エドウィン・ハッブルが、遠い島宇宙として銀河の性質を表してから約1世紀、銀河の誕生と進化に対する我々の理解は、まだまだ不完全である。多くの現代の天文学探究は、銀河形成に焦点を絞っているが、多くの観測結果は、銀河の崩壊も、また、頻繁であることを示している。無数の銀河が、138億年に亘る宇宙の歴史において、その死を経験した。殺戮は、至るところで起こっている。

## 食ったり食われたり

　銀河は、群生する一団である。銀河が1つあると、いつも他の銀河が側にある。これが、NGC 1132やESO 306-017のような孤独な巨大銀河を宇宙の変わりものにする。さらに奇妙なことには、このような独居性銀河は、ダークマターや高温ガスから成る巨大な海の中に生育する。そのように巨大なダークマターや高温ガスの海が、数十、あるいは、数百の他の銀河のホームであるようだ。

　NGC 1132とESO 306-017は、悲惨な秘密をもっている。それらは共食いをする。これらの巨大銀河は、肥満になるまで成

85

長した。それは、ハンニバル・レクターを自認する銀河の共食い狂乱において、その隣人を食い漁った結果であることは、いろいろな証拠から推察できる。

そして、それらだけが共食いをしているわけではない。望遠鏡で見ると、多くの画像を捉えることができる。そこでは、大きな銀河が宇宙の謝肉祭の中で、小さい銀河を貪り食うのが見られる。それは、数十億年の凍りついたひと時である。他の銀河は、近隣を通過する大きな銀河による重力の、強烈な突風のような引っ張りによって、引き裂かれている。それは、飛行中に解体するジェット戦闘機のように、その飛行軌道に沿って破片を撒き散らす。宇宙は、星、ガス、そして、塵の遊離した流れのようなもので取り散らかっている。それは、かつて普通の銀河であったものの幽霊のような名残に見える。

宇宙の都心である銀河団は、特に危険な地域である。ここで、ミルキーウェイ銀河とアンドロメダ銀河間の距離の空間に、数百の銀河が詰め込まれているとしよう。このように狭い領域に閉じ込められると、それらの銀河は、お互いに敵対的になる。そして、共食いが、銀河の質量によって活発になるとき、質量を増やした銀河の重力が、新しい獲物をさらに容易に餌食にする。一番大きな銀河が、生き残るのが常である。

小さい銀河にとって、これが厳しい現実である。過去20年以内に発見された興味深い銀河である、ちっぽけな、非常に小型の矮銀河は、大きな銀河との接近遭遇を繰り返したことによって、ゆっくりと剥ぎ取られていった。そして、残ったものは、露出された内部構造だけになった。それをコンパクトな核

という。天文学者は、現在、数百の超小型矮銀河を確認している。その大部分は、近隣の炉座、乙女座、そして髪の毛座各銀河団内にある。

　幾つかの内部構造を露出した銀河の生き残った核は、球状星団として見られるかもしれない。幾人かの研究者は、巨嘴鳥座47やオメガ・セントーリのような、ミルキーウェイ銀河内の巨大球状星団の幾つかは、かつては小さい銀河であったと推測している。

　アンドロメダ銀河の一番光輝な球状星団G1は、多くの謎を秘めた特徴を見せていて、他の球状星団から区別されている。これらの球状星団は、異常に離隔された形状をしていて、その中に恒星の複数世代が存在する。一般的に、球状星団は、一様な年齢の恒星で形成されている。またG1は、太陽質量の2万倍の質量をもったブラックホールを保持しているという証拠もある。これは、普通の球状星団には見られないものだ。


## 地方の暴れ者

　天文学者は、ミルキーウェイ銀河も共食いをしたようだと考え始めている。それは1978年であった。そのとき、天文学者は、ミルキーウェイ銀河の外部地域にある球状星団は、恒星年齢の幅が驚くほど広いことに気づいた。これは、ミルキーウェイ銀河が小さい銀河を捕食し、それらが、そのプロセスにおいて、球状星団として存続できるからだと彼らは理由づけた。その証拠は、文句なしに至るところにある。

1994年、別の天文学者グループは、ミルキーウェイ銀河の共食い癖の確たる証拠を見つけた。ミルキーウェイ銀河の中心に向かった、恒星の超過密地帯の背景の隠れたところに、小さい銀河の変形した天体があった。その天文学者グループが名付けた射手座回転楕円体矮銀河から、ミルキーウェイ銀河に対する、その4つの名残の球状星団をゆっくりと置き去りにして、残った恒星団をかろうじて識別できるようにした。幾つかの証拠から、射手座回転楕円体矮銀河は、ミルキーウェイ銀河の周りを数回回るだけ生き延びて、数億年間に亘って、ミルキーウェイ銀河が、そのスナックを味わえるようにしたことが推察できる。

　現在、ミルキーウェイ銀河には、連続的な共食いを行った絶対的な証拠がある。天文学者は、ミルキーウェイ銀河の中に、12本以上長い星の流れを発見した。それらは、捕食される前に、タフィーのように引き離された、過去に犠牲になった矮銀河の痕跡である。なお、タフィーとは、糖蜜を煮詰めて練って作ったキャンディーをいう。

　研究者は、夜空の1つの特別な地域を「流れの場」と呼んでいる。何故なら、それは、射手座回転楕円体矮銀河に戻れるような1つ、あるいはそれ以上のリボンを含む、数個の十文字の星のリボンを持っているからである。適切に「孤児の流れ」と名付けられた他の流れは、知られた祖先となる銀河をもたない。なお、その地域を見つけたのは、スローンディジタル全天探査の一部の観測である。

　Pan-Andromeda Archaeological Survey（パン・アンドロメダ考

古学的探査）は、マウナケアにあるカナダ・フランス・ハワイ望遠鏡を使って、アンドロメダ銀河の星図を作成するための国際的研究組織で、アンドロメダ銀河にも同様の流れを発見した。

どの銀河が、次のミルキーウェイ銀河の犠牲者になるのか。その判断は難しいが、ミルキーウェイ銀河は、選り好みをする捕食者ではないようだ。その恒星密度の低さから、論議の的となっている大犬座矮銀河は、一番近い可能性の高いターゲットであって、すでに、ミルキーウェイ銀河の重力の猛威を感じているようだ。これを捕食すると、ミルキーウェイ銀河は、推定10億個の星を増やすことになる。

その矮銀河を越えたところに、数個の小さい銀河が、ミルキーウェイ銀河を取り囲んでいる。そして、最近発見されたクレーター2矮銀河のような新しい銀河が、次々に発見されている。大小マゼラン雲は、ミルキーウェイ銀河の2つの大きい伴銀河であるが、これらもまた、来るべき未来に、ミルキーウェイ銀河の餌食となる。そして、2つのマゼラン雲に繋がっているマゼラニックストリームと呼ばれる、ガスのリボンのような特徴が、少しずつのかじり取りが始まっていることの証拠であるようだ。しかし、最近の観測では、両マゼラン雲は、現在のところ、ミルキーウェイ銀河の重力的な掌握から、十分に逃れるだけの速度で動いていることがわかった。

# 宇宙の宿命

　死を招くような重力が、大きな平衡装置である。ミルキー
ウェイ銀河は、その生涯において、数え切れないほどの犠牲者
を出してきたが、次の40億年、あるいは50億年以内に、ミル
キーウェイ銀河自身が餌食になる運命にある。

　我々の銀河団のローカルグループの最大メンバーであるアン
ドロメダ銀河が、ミルキーウェイ銀河に向かって正面衝突コー
スで動いている。現在は250万光年の隔たりがあるけれど、ミ
ルキーウェイ銀河とアンドロメダ銀河は、お互いに向かって
秒速112,000kmの速度で突き進んでいる。それは、最速の探
査機ニューホライズンの速度の約10倍である。今から20億年
から30億年後、それらが誰か、あるいは何かは知らないが、
我々の子孫は、アンドロメダ銀河がミルキーウェイ銀河を飲み
込む前、荘厳な夜空を見ることになるだろう。

　ミルキーウェイ銀河とアンドロメダ銀河の質量を比べると、
前者は後者の半分であるので、ミルキーウェイ銀河が生き残る
チャンスはない。それらの両方が乱打され、打撲傷を受ける遭
遇の混乱後、2つの銀河は、クリンチの中の疲れ切ったボク
サーのように、ゆっくりと一体となり、最終的にアンドロメダ
銀河がミルキーウェイ銀河を吸収する。このカオスの後、新し
いさらに大きくなった銀河が出現するだろう。その銀河には、
すでにミルクアームミーダというニックネームが付いている。
惑星を従えた太陽は、この新しい銀河をホームと呼ぶ1兆個以
上の星の1つとなる予定である。

第9章　銀河の食い合い

　なお、最近の研究では、ミルキーウェイ銀河とアンドロメダ銀河の質量差は、それほど大きくない、あるいは前者の方が大きいとも言われている。ここで参考にした記事は少し古いので、全てが正しいとは言えないようだ。しかし、ミルキーウェイ銀河とアンドロメダ銀河の衝突は、間違いない。また、この正面衝突については、拙書『ミルキーウェイ銀河』第3部「ミルキーウェイ銀河崩壊」第3章「銀河の崩壊」で詳しく述べている。

　しかし、共食いがそこで終わると考えられる理由はどこにもない。そのローカルグループには、他に20個から30個の小さい銀河があるので、ミルクアームミーダが将来ムシャムシャ食べるものはたくさんある。

　2000年、別の天文学者グループが、ローカルグループの全体の共食いがどのようなものであるかを推測した。コンピュータを使って、彼らは、すべてのローカルグループ銀河のフランケンシュタイン風混合をディジタル的に集合させた。最終結果は、最後の銀河が生き残るというもので、それは、宇宙全体で見つかる大きな楕円銀河から、見分けがつかなくなるということがわかった。そして、それは、過去のトラウマの、はっきりした兆候のほとんどない恒星と、星団の穏やかな堆積である。彼らは、それを「以前にローカルグループとして知られていた楕円銀河」と命名した。

# 行儀の悪い捕食者

1951年、先駆的なスイス人天文学者フリッツ・ツウィッキーが、銀河間空間内の物質の大きく輝く地域に気づいた。彼は、この拡散した輝きは、どの銀河にも重力的に縛られていない、その間で自由に動く無数の星の集合的な光であることを認めた。ツウィッキーは、このような放浪の星は、宇宙における、最も豊富な輝く天体であるようだと提案した。

しかし、このような銀河間の放浪星はどこから来たのか。幾つかは、銀河の外で誕生したようだが、大部分はそうではない。それらの貪欲な食欲にもかかわらず、共食い愛好家は、行儀の悪い捕食者である。その犠牲者から引き裂かれた物質の全てが、捕食されたわけではない。いくらかは、無の空間へ逃げている。その空間は、時間とともに、放浪の恒星と星団の海の中で集積する。

天文学者は、すでに、乙女座、炉座、そして髪の毛座各銀河団近隣に、ローカルグループ内にはまだ入っていない、数千の放浪する球状星団を発見した。しかし、最近、ローカルグループ内に、12個の銀河間球状星団の可能性の高い天体が確認された。それらは、金鉱目当ての鉱夫のように、スローンディジタル全天探査による183,791の候補を選別した結果である。次に行うことは、これらの天体が、目的物である銀河間球状星団であるか、あるいは、誤確認された光度の低い遠方の銀河であるかを決定することである。

第 9 章　銀河の食い合い

## 長生きの共食い者

　重力の容赦のない引っ張りは、今後、数十億年間共食いが続くことを意味する。それは、数少ないが大きな銀河の未来である。しかしながら、最終的に、犠牲者になりうるものの供給が減少したとき、その大虐殺は終焉を迎える。今から1,000億年後、太陽が燃え尽きて長い間経ったころ、十分に満腹感を味わったミルクアームミーダは、楕円銀河として、その静かな老後を迎える。それは、かつてローカルグループと呼ばれた大混乱銀河グループの最後の生き残りとなる。

「その宇宙は、原子ではなく、物語でつくられている」と詩人ムリエル・ルキーザーは書いた。各銀河は、それ自体のユニークな物語を持っている。それは、共食いの悲惨な話で、それらに起こった、あるいはそれらが創り出し、創り上げた話である。それらの物語を話すことが、天文学者のゴールである。その天文学者は、宇宙法医学の科学者である。

## 法医学の道具

　現代法医学の父であるエドモンド・ロッカードは、あらゆる接触は、痕跡を残すと言っている。法医学者が犯罪を捜査するように、天文学者は、共食い愛好家銀河とその犠牲者について、その歴史を再構築するための手がかりを探している。多くの捜査作業に関して、異なった方法が、異なった情報を提供する。

球状星団は、銀河の歴史の上質の痕跡である。大部分の銀河は、数十、数百、あるいは数千の球状星団に取り囲まれている。それらの球状星団は、巣に群れるミツバチのように、それらの周りにたむろしている。これらの質量の大きいコンパクトな恒星システムは、太陽から一番近いプロクシマ・セントーリまでの距離より遥かに近い距離の領域に、百万個以上の星が詰め込まれている。そして、それらが、ほとんど破壊できないくらいの重力によって、ぴったり締め付けられた状態にある。多くの球状星団は、それらの母銀河の死を逃れたもので、豊富な法医学的物質を提供している。それらの物質は、犯罪捜査官にとっての血の飛び散り、死体の変質、指紋、そしてDNAサンプルのように、天文学者にとって価値あるものである。

　天文学者は、これまでに、400個以上の銀河内の球状星団の個体数を研究してきた。それらの多くは、ハッブル宇宙望遠鏡の見事な画像に依存している。これらの観測結果から、大部分の大きな銀河は、2つ、あるいはそれ以上の球状星団の部分母集団を保有していて、その各部分母集団では、識別できる軌道、化学的構成物質、そして空間的分布を有していて、それらから、激動の過去の証拠を把握できる。注意深い解析から、共食い犠牲者の数、タイプ、そしてサイズを知ることができる。

　他の多くの道具とともに、銀河の詳細な分析に使われる分光器は、それらの内部の動きについての情報を提供する。幾つかの場合、他の星とは逆の動きをする星のグループがあることがわかった。これらは、まだ完全に消化されなかった犠牲者銀河の破片である可能性が強い。ミルキーウェイ銀河と他の近隣銀

第9章 銀河の食い合い

河内で、個々の恒星の化学的構成物質を計測し、それらの分布を星図に表すことは可能である。すると、識別される消滅した銀河の部分的な残留物から、その銀河の異なった元素の豊富さを決定できる。また、銀河相互作用の多くのシミュレーションは、天文学者に過去と未来を見つめさせて、観測結果の理解をガイドする視覚的望遠鏡の役割をする。

「犯罪は、必ず暴露される。いろいろトライしたり、その方法を変えたりすると、味わい、習慣、心の状態、そして根底にある心が、行動によって暴露される」とアガサ・クリスティは書いている。1つの方法、あるいは別の方法で、共食い愛好家銀河は、自分自身を暴露する。

# 第10章　アンドロメダ銀河

## 概要

　アンドロメダ銀河は、バーを持った渦巻銀河で、我々の住む太陽系が所属するミルキーウェイ銀河から、一番近い大銀河である。古い時代の分類では、バーはないと書かれているが、その後、機器の進化でバーが発見されたようである。当初は、「アンドロメダ大星雲」と呼ばれていた。カタログには、M31、あるいはNGC 224と記載されている。私が夜空に興味を持ち始めたときは、まだ、アンドロメダ大星雲と呼ばれていた。高校時代、この付近を望遠レンズも使わず、普通に写真撮影したとき、ボーっとした小さい雲のように写っていた。目の良い人は肉眼でも見えるようだが、私にはそれは無理だった。未だに、この写真の印象が忘れられない。

　アンドロメダ銀河は、直径が152,000光年で、約250万光年の距離にある。地球の夜空では、アンドロメダ座に見えるので、その名前が付いた。ギリシャ神話では、ペルセウスの妻であった王妃の名前である。

　アンドロメダ銀河の質量は、太陽質量の約1兆倍である。ミルキーウェイ銀河と比べて、約25%から50%だけ質量が大きいと長い間考えられていたが、21世紀に入って、ミルキーウェイ銀河の方が、アンドロメダ銀河より質量が大きいのでは

第10章　アンドロメダ銀河

ないかと言われるようになった。アンドロメダ銀河は、ローカルグループの中では、一番大きい銀河である。

　ミルキーウェイ銀河とアンドロメダ銀河は、向こう40億年から50億年の間に、正面衝突すると予測されている。すると、巨大な楕円銀河になるか、あるいは大きなレンズ状銀河になるようだ。アンドロメダ銀河のみかけの光度は3.4等星で、メシエ天体の中では、一番光輝な天体の中に入る。そして、月のない夜、肉眼で見ることができる。しかし、光公害の少ないところに限られるだろう。

## 観 測史

　アンドロメダ銀河は、暗い夜空ならば、肉眼でも見えるので、それ自体、誰か個人によって発見されたとは言われていない。964年、ペルシャ人天文学者アブド・アル・ラフマン・アル・シーフィーが、初めて公式にアンドロメダ銀河を記録した。彼の *Fixed Stars*『固定された星』という本には、「星雲風のシミ」あるいは「小さい雲」と書かれている。

　その時期の星図には、「小さい雲」と分類された。1612年、ドイツ人天文学者サイモン・マリウスは、望遠鏡観測を土台にして、アンドロメダ銀河の初期の描写を与えた。ピエール・ルイス・モーペチュイが、1745年、そのぼんやりした箇所は、島宇宙であるという予想を立てた。シャルル・メシエが、1764年、アンドロメダ銀河を天体 M31 としてカタログ化した。そして、不正確に、肉眼で見えるにもかかわらず、マリウスの発

97

見とした。1785年、天文学者ウィリアム・ハーシェルが、アンドロメダ銀河の核地域の弱い赤みがかった色を記録した。彼は、アンドロメダ銀河は、すべての大きな星雲の中で、一番近くにあるもので、その星雲の色と等級を基礎にして、不正確に、それは、シリウスまでの距離のたった2,000倍の距離、あるいは18,000光年の距離にあると推測した。

1864年、ウィリアム・パーソンズが、初めて、アンドロメダ銀河の渦巻き構造を素描した。

1864年、ウィリアム・ハギンズが、アンドロメダ銀河のスペクトルは、ガス状星雲のスペクトルとは違うと記録した。アンドロメダ銀河のスペクトルは、周波数の連続性を表示した。それは、黒い吸収線で重なり合って、天体の化学的構成物質を決める手助けをした。アンドロメダ銀河のスペクトルは、個々の恒星のスペクトルに非常によく似ていた。そして、このことから、アンドロメダ銀河は、恒星の性質を持つと推理された。1885年、Sアンドロメダとして知られている超新星爆発が、アンドロメダ銀河内で観測され、銀河の中で観測された、最初の、そして、そこまでで唯一の超新星爆発になった。そのとき、それは新星1885と呼ばれた。これは、現在の意味の「新星」との間には相違があり、超新星爆発は、まだ知られていなかった。アンドロメダ銀河は、当時、近隣の天体であると考えられていて、その「新星」が、普通の新星より、遥かに光輝であったことには気づいていなかった。

1888年、アイザック・ロバーツが、アンドロメダ銀河の初めての写真を撮った。その時は、依然として、アンドロメダ銀

河は、ミルキーウェイ銀河内の星雲であると考えられていた。ロバーツは、アンドロメダ銀河と形成された星系としての渦巻星雲を取り違えていた。

1912年、ヴェスト M. スライファーが、分光器を使って、太陽系に対するアンドロメダ銀河の視線速度を計測した。計測された中では、一番速い速度、秒速300 km であった。

## 島 宇宙仮説

1755年という早い時期に、ドイツ人哲学者イマニュエル・カントが、彼の本 Universal Natural History and Theory of the Heavens『普遍的自然史と天空理論』の中で、ミルキーウェイ銀河は、多くの銀河の中のほんの1つに過ぎないという仮説を提案した。ミルキーウェイ銀河のような構造は、上から見ると、円形星雲のように見え、角度を持って見れば、楕円星雲のように見えると議論した。彼は、当時は否定できなかった、アンドロメダ銀河のような、楕円星雲と観測されたものは、実際には、これは一般的に考えられていたような星雲ではなく、ミルキーウェイ銀河と同様の銀河であると結論づけた。

1917年、ヒーバー・カーティスは、アンドロメダ銀河内に新星を発見した。写真記録をくまなく調べて、さらに11個の新星を見つけた。カーティスは、これらの新星は、平均的に、夜空の他の場所で起こる新星より、10等星光度が低いことに気づいた。その結果、彼は、50万光年という推定距離を提案した。この推定値は、現在知られている最良の推定値より、約

5倍近く小さいけれど、それは、初めての正確に近いアンドロメダ銀河までの推定値で、桁は正しかった。カーティスは、渦巻星雲は、実際には、独立した銀河であるという、いわゆる島宇宙仮説の提案者だった。

　1920年、ハーロー・シャプレーとカーティスの間の「世紀の大論争」は、ミルキーウェイ銀河の性質、渦巻星雲、そして宇宙の大きさについてであった。アンドロメダ大星雲は、実際は、ミルキーウェイ銀河の外部にある銀河であるという彼の主張を支持するために、カーティスは、また、アンドロメダ銀河内のダークレーンの存在を指摘し、それは、ミルキーウェイ銀河内の塵の雲に似ていると主張した。また、彼は、アンドロメダ銀河の重要なドップラーシフトの観測も行った。1922年、エルンスト・エピックが、その恒星の計測された速度を使って、アンドロメダ銀河までの距離を推定する方法を提示した。彼の結果は、アンドロメダ大星雲をミルキーウェイ銀河の外側、約1,500光年の距離に置いた。エドウィン・ハッブルが、1925年に、この論争に決着を付けた。それは、彼が、アンドロメダ銀河の天体写真上に、初めてミルキーウェイ銀河外のセフィード変光星を確認したときだった。これらは、約2.5 mフッカー望遠鏡を使ったもので、アンドロメダ大星雲までの距離を決定した。彼の計測は、結果的に、この大星雲は、ミルキーウェイ銀河内の恒星とガスの集まりではなく、完全に切り離された銀河で、ミルキーウェイ銀河から相当な距離にあることを示した。

　なお、「世紀の大論争」については、拙書『ミルキーウェイ

第10章 アンドロメダ銀河

銀河』第 1 部「銀河」第 1 章「銀河観測史」「世紀の大論争」
で詳しく述べているので、参照されたい。

　1943 年、ワルター・バーデは、アンドロメダ銀河の中央地
域内の恒星を分離して見た最初の人になった。バーデは、それ
らのメタル含有量を基礎にして、2 つの識別できる恒星の分類
を発見した。そのディスク内の若い固有運動の速度が速い恒星
をタイプ 1 として、バルジ内の古い赤色星をタイプ 2 とした。
この命名法は、その後、ミルキーウェイ銀河内と他の銀河内の
恒星に対しても採用された。なお、2 つの識別された分類の存
在は、ヤン H. オールトによって、もっと早い時期に記録され
ていた。バーデは、また、セフィード変光星には 2 つのタイプ
があることに気づいた。その結果、アンドロメダ銀河までの距
離が 2 倍になり、宇宙における距離測定も 2 倍になった。

　1950 年、アンドロメダ銀河からの電波放射が、ジョドレ
ル・バンク天文台のハンブリー・ブラウンによって探知され
た。その銀河の、最初の電波星図が 1950 年代に、ケンブリッ
ジ電波天文学グループのジョン・ボールドウィンとその共同
研究者によって作られた。アンドロメダ銀河の核は、2C 電波
天文学カタログで、2C 56 と呼ばれた。2009 年、大質量天体に
よって光が曲げられる現象であるマイクロレンジングを使っ
て、アンドロメダ銀河内の惑星の最初の発見があった。

Westerbork Synthesis Radio Telescope（ウエストブローク・
シンセシス電波望遠鏡）、Effelsberg 100 m Radio Telescope（エ
フェウスバーグ 100 m 電波望遠鏡）、そして Very Large Array
（巨大望遠鏡群）による直線偏光放射の観測によって、ガスの

「10キロパーセクリング」に沿って並ぶ磁場と恒星形成がわかった。

1953年、セフィード変光星のもう1つの光度の低いタイプの発見で、アンドロメダ銀河までの推定距離が2倍になった。1990年代には、標準的赤色巨星と、ヒッパルコス探査機によるレッドクランプ恒星の両方の計測が、セフィード変光星による計測をより正確なものにした。なお、レッドクランプ恒星とは、ヘルツシュプルング・ラッセル図（HR図）において、太陽の2倍の質量を持つ恒星の進化を表す、緑線上のRCの位置にある恒星をいう。

## 形成と形成史

アンドロメダ銀河の場所で、20億年から30億年前に、質量比が約4ある2つの銀河が含まれた、大きな銀河の融合があった。

アンドロメダ銀河のこの時期に起こった、この大きな銀河の融合は、まず異常な恒星の年齢－速度分散から見られ、20億年前のアンドロメダ銀河ディスク全体の恒星形成が、今日より遥かに活発であったこともまた、上記の分散から見られる。

この激しい銀河の衝突のモデルは、次のようなことを示した。それは、ジャイアント・ストリームを含む、大部分の銀河のメタルが豊富なハロー、延長された厚いディスク、10キロパーセクリングを含む、若い恒星から成る薄いディスクを形成した。この時期、恒星形成率は非常に高く、約1億年間に光

第10章　アンドロメダ銀河

輝な赤外線銀河に成るくらいの勢いだった。モデルは、バルジ・プロフィール、大きなバー、そして全体のハロー密度プロフィールも明らかにした。アンドロメダ銀河と三角座銀河（M33）は、20億年から40億年前、非常に接近したと言われているが、ハッブル宇宙望遠鏡による計測からは、そうではなかったことがわかった。

## 距離推定

　地球からアンドロメダ銀河までの推定距離の算出には、少なくとも4つの異なった方法が使われた。2003年、赤外線表面光度変動値等を使って、2,570,000 ± 60,000光年という値を出した。2004年、改善されたセフィード変光星方法を使って、2,510,000 ± 130,000光年になった。

　2005年、アンドロメダ銀河内に、食を起こす二重星が発見された。この二重星は、2つの高温なブルーの、タイプOとタイプBの星だった。これらの恒星の食を調査することによって、天文学者は、この二重星系のサイズを計測できた。そのサイズと恒星の温度を知ることによって、それらの絶対光度を計測して、見かけの光度と絶対光度から、恒星までの距離が計算できた。このことから、アンドロメダ銀河までの距離は、約2,500,000光年であることがわかった。この新しい値は、以前の値に正確に合致した。

# 質量推定

2018年まで、ダークマターを含むアンドロメダ銀河ハロー
の推定質量は、ミルキーウェイ銀河と比べると、倍近い値であ
ると考えられていた。これは、早い時期の、アンドロメダ銀河
とミルキーウェイ銀河は、ほとんど同質量であるという見解
に矛盾しているようだった。2018年、電波天文学の見地から、
質量はほぼ同じであるという見解が復活した。2006年、アン
ドロメダ銀河の回転楕円体は、ミルキーウェイ銀河より高い恒
星密度を持つことがわかった。そして、恒星ディスクは、ミル
キーウェイ銀河の倍の直径であると推定された。

2019年現在、脱出速度と動力学的質量測定を土台にして、
アンドロメダ銀河の質量は、ミルキーウェイ銀河の質量の半分
であることがわかった。

恒星に加えて、アンドロメダ銀河の星間物質は、中性水素の
形で存在していて、その中に分子水素と塵が含まれている。

アンドロメダ銀河は、この銀河内の恒星質量の半分を含むと
推定されている、高温ガスの大質量ハローで取り囲まれてい
る。そのハローはほとんど見えなくて、アンドロメダ銀河から
約100万光年のところまで広がっている。従って、それはミル
キーウェイ銀河までの距離の半分に達している。銀河のシミュ
レーションは、そのハローは、アンドロメダ銀河と同時に形成
されたと指摘している。そのハローは、水素やヘリウムより質
量の大きい元素が豊富で、それらは超新星爆発で作られ、その
性質は、色－等級図の「グリーンバレー」にある銀河の性質で

ある。

アンドロメダ銀河の恒星で満たされたディスク内で、超新星爆発を起こすと、これらの質量の大きい元素が宇宙に撒き散らされる。アンドロメダ銀河の生涯を通して、そのような恒星によって作られた質量の大きい元素の半分近くは、その銀河の直径20万光年のディスクを遥かに超えて放出された。

## 光度推定

ミルキーウェイ銀河と比べると、アンドロメダ銀河は、70億歳以上の古い恒星が圧倒的に多いようだ。アンドロメダ銀河の推定光度は、ミルキーウェイ銀河より約25%高い。しかし、アンドロメダ銀河は、地球から見たとき、大きく傾いていて、その星間空間の塵が、相当量の光を吸収している。だから、実際の光度を推定することは難しい。幾人かの科学者は、ミルキーウェイ銀河の半径くらいの銀河の中では、ソンブレロ銀河に次いで、2番目に光度が高いと提案している。

ミルキーウェイ銀河の恒星形成率は、アンドロメダ銀河と比べると、遥かに高い。アンドロメダ銀河は、毎年、約1太陽質量を恒星形成に費やすが、ミルキーウェイ銀河は、太陽質量の3倍から5倍の質量を使って恒星形成をする。ミルキーウェイ銀河の新星爆発率も遥かに高く、アンドロメダ銀河の倍である。これは、アンドロメダ銀河は、かつて、大きな恒星形成状態を経験したが、現在は、比較的静かな状態であることを示す。一方、ミルキーウェイ銀河は、さらに活動的な恒星形成を

経験中である。これが続くと、ミルキーウェイ銀河の光度は、最終的に、アンドロメダ銀河に取って代わることになる。

　最近の研究によると、アンドロメダ銀河は、グリーンバレーとして色－等級図の中で知られたものの中にいる。この地域は、ブルークラウドからレッドシークエンスへ移行中の、ミルキーウェイ銀河のような銀河で占められている。ブルークラウドは、活動的に新しい恒星を形成している銀河で、レッドシークエンスは、恒星形成に欠ける銀河である。グリーンバレー内にある銀河の恒星形成活動は、星間物質内で恒星形成に必要なガスが枯渇したとき、スローになる。アンドロメダ銀河の性質をもった、シミュレートした銀河内で、恒星形成は、約50億年の内に収まると見られている。それでも、アンドロメダ銀河とミルキーウェイ銀河の間の衝突によって、予期された短い期間に、恒星形成率の増加が期待できるようだ。


## 構造

　可視光による見かけを基礎にすると、アンドロメダ銀河は、渦巻銀河のデ・ヴォークール・サンデイジ拡張分類システムで、SA (s) b 銀河として分類されている。しかし Two Micron All-Sky Survey（2MASS：２ミクロン全天探査）とスピッツァー宇宙望遠鏡からの赤外線データは、アンドロメダ銀河は、ミルキーウェイ銀河のように、実際は、バーを持った渦巻銀河で、アンドロメダ銀河のバーの長軸は、ディスクの長軸から、時計とは逆回りに55°傾いている。

第10章　アンドロメダ銀河

　天文学では、銀河のサイズを決定するために使われる種々の方法がある。そして、各方法は、お互いに関して異なった結果を導く。最もよく使われる方法は、D₂₅スタンダードである。1991年、このスタンダードを使って、アンドロメダ銀河の等光線直径は、152,000光年であった。1981年より前の推定値は、176,000光年だった。

　2005年のケック望遠鏡による研究は、微かに点在する恒星、あるいは銀河ハローの存在を示した。これは、アンドロメダ銀河から外部へ延びている。このハロー内の恒星は、アンドロメダ銀河の主要銀河ディスクの中の恒星とは異なった振る舞いをする。そのハロー内の恒星は、秩序だった公転軌道を一様な速度である、毎秒200kmで動く主要ディスク内の恒星とは違って、無秩序な動きを示している。この分散したハローは、アンドロメダ銀河の主要ディスクから外に広がっていて、その半径は220,000光年である。

　アンドロメダ銀河は、地球に対して約77°傾斜している。90°の角度がエッジオンと考えている。その銀河の横断面の形状の分析から、むしろ平坦なディスクというより、明白なS字型の歪みがあることがわかった。この歪みの考えられる原因は、アンドロメダ銀河近隣の衛星銀河との重力的相互作用である。銀河M33は、アンドロメダ銀河の渦巻きの腕の中の、ある歪みに関係するようだが、それを実証するには、さらに正確な距離と視線速度が要求される。

　分光器を使った研究から、その銀河核からの視線距離の関数として、アンドロメダ銀河の自転速度の詳細な計測ができた。

107

自転速度は、銀河核から1,300光年で最高値毎秒225kmを示し、銀河核から7,000光年で最小値秒速50kmという低い値である。もっと外側の半径33,000光年より外では、自転速度は上昇する。最高値は、秒速250kmである。その距離を超えると、その速度はゆっくり下降し、銀河核から80,000光年では、秒速200km付近まで落ちる。これらの自転速度の計測は、銀河核内への質量の集中を意味している。銀河の質量は、銀河核から45,000光年までは連続的に増加するが、この半径を超えると増加はゆっくりである。

　アンドロメダ銀河の渦巻きの腕は、一連のHII地域によって囲まれている。これは、ワルター・バーデによって、初めて詳細に研究された。彼の研究は、特に、きつく巻きついた2つの腕を示している。それらは、ミルキーウェイ銀河の渦巻きの腕よりも、広い間隔を持っている。

　アンドロメダ銀河は、エッジオンに近い状態に見えるので、その渦巻き構造を研究することは困難である。その銀河の補正された画像では、実際に標準的な渦巻銀河に見えるが、2つの連続した、引き伸ばしたような腕があって、それらはお互い離れていて、最低約13,000光年まで延びている。渦巻き構造の別の見方は、1つの渦巻きの腕、あるいは綿毛のようなパターンの長いフィラメント、そして厚い渦巻きの腕などを提案している。

　渦巻き構造パターンの歪みの最も可能性の高い原因は、衛星銀河M32とM110との相互作用であると考えられている。

　1998年、ESAの赤外線望遠鏡の画像は、アンドロメダ銀河

の全体的な形状は、リング銀河に移行中であることを示した。その銀河内のガスと塵は、一般的に、幾つかの部分的に重なり合ったリングを形成する。「リング・オブ・ファイアー」というニックネームの付いた、銀河核から半径32,000光年のところに、特に顕著なリングがある。このリング・オブ・ファイアーは、銀河の可視光画像では見えない。何故ならば、それは、主に温度の低いガスでできていて、アンドロメダ銀河内で起こっている恒星形成の大部分は、そこに集中しているからである。

　スピッツァー宇宙望遠鏡を使った後の研究は、赤外線で見たとき、アンドロメダ銀河の渦巻き構造は、2つの渦巻きの腕によってどのようにつくられているかを示した。それらの2つの渦巻きの腕は、中央のバーから出ていて、上記の大きなリングを超えて延びている。しかし、それらの渦巻きの腕は、連続的ではなく、ブツ切れの構造になっている。

　同じ望遠鏡を使った、アンドロメダ銀河の内部地域の詳細な調査は、また、2億年以上前の、M32との相互作用によって引き起こされたと考えられている、さらに小さい塵のリングを示した。シミュレーションによると、小さい銀河が、その極性軸に沿ってアンドロメダ銀河のディスクを通過したことがわかった。この衝突が、小さい方のM32から半分以上の質量を剝ぎ取り、アンドロメダ銀河のリング構造をつくった。これが、アンドロメダ銀河のガスの中に、新しく発見された内部のリング構造とともに、長く知られた大きなリングのような特徴の共存を説明する。M32との衝突は、正面衝突であったようだ。

アンドロメダ銀河の外部に延びたハローの研究から、銀河ハローは、ミルキーウェイ銀河ハローとほとんど同じであることがわかった。そこの恒星はメタルが少なく、銀河中心からの距離が増えるに従って、メタルの少なさが増加する。この証拠は、２つの銀河が同様の進化をしたことを明示している。それらは、過去120億年間に、約100個から200個の質量の小さい銀河を付着し同化させた。アンドロメダ銀河とミルキーウェイ銀河の、外部に延びたハロー内の恒星は、２つの銀河を隔てている距離の３分の１近くまで広がっている。

## 銀河核

　アンドロメダ銀河は、ミルキーウェイ銀河と同様に、真ん中に密度の高いコンパクトな星団を持っている。大きな望遠鏡を使うと、バルジを取り囲むさらに分散した中に、埋め込まれた恒星の視覚的印象を与えている。1991年、ハッブル宇宙望遠鏡を使って、アンドロメダ銀河の内部核を画像に収めた。その銀河核は、4.9光年離れて、２つの集中した部分からできている。認識番号 $P_1$ が付いた光輝な方の集中は、銀河の中心から外れている。光度の低い集中 $P_2$ は、銀河の中心に位置していて、ブラックホールを含んでいる。そのブラックホールの質量は、1993年には、太陽質量の3,000万から5,000万倍であると計測され、2005年には、１億1,000万から２億3,000万倍と計測された。

　$P_1$ が、中心にあるブラックホールの周りを偏心軌道で回る恒

第10章　アンドロメダ銀河

星ディスクの突出物ならば、観測されたダブルの核は説明できると提案された。偏心は、軌道上の遠点で恒星が長く居座るからである。このような偏心軌道を持ったディスクは、以前のブラックホールの融合の結果から形成されたと仮定された。そのブラックホールの融合は、重力波を出すので、それが恒星に対して、現在の偏心軌道への分布の引き金になった。$P_2$ は、また、幸運なスペクトルクラス A の恒星のコンパクトなディスクを含んでいる。スペクトルクラス A の恒星は、赤いフィルターではっきりしないが、ブルー、そして紫外線光で、それらは核で優勢を保っていて、$P_2$ を $P_1$ よりさらに突出したものにしている。

　ダブルの核の発見当初は、そのダブルの核の光輝な方は、アンドロメダ銀河によって捕食された小さい銀河の残骸であると考えられていたが、これは、もはや、現実味のある説明とは考えられなくなった。その大きな理由は、そのような核は、中心のブラックホールによる潮汐力破壊のため、極めて短い生涯しか持てないからである。これが、$P_1$ が、それ自体のブラックホールを持って、それを安定させているかどうかの問題の部分解答であるようで、$P_1$ 内の恒星分布は、中心にブラックホールがあることを暗示していない。


## 分離した根源

　明らかに、1968年終盤まで、アンドロメダ銀河からX線は探知されなかった。1970年10月20日のバルーン飛行が、アン

111

ドロメダ銀河から探知できる硬X線に対する上限をセットした。

スウィフト BAT 全天探査が、成功裏に、硬X線をアンドロメダ銀河中心から6アークセコンド離れたところを中心とした地域から探知した。25 keV より上の放射が、1つの根源から出ていることを後に発見し、その放射は、中性子星、またはブラックホールであるコンパクトな天体が、恒星から物質を付着する二重星系として確認された。

それ以来、複数のX線源がアンドロメダ銀河内で探知された。それは、ESA の XMM ニュートン望遠鏡からの観測結果を使っている。ロビン・バーナードとその共同研究者は、これらはブラックホールか、または中性子星の候補であって、それらは、入ってくるガスを数百万ケルビンまで加熱し、X線を放射しているという仮説を提案した。中性子星とブラックホールは、主に、それらの質量を計測することによって識別される。NuSTAR スペースミッションの観測では、アンドロメダ銀河内に、この種の40個の天体を確認した。2012年、さらに小さいブラックホールから放射される電波バーストである、マイクロクエーサーが、アンドロメダ銀河内で探知された。その先祖のブラックホールは、その銀河中心付近にあって、太陽質量の約10倍の質量を持つようだ。それは、ESA の XMM ニュートン望遠鏡によって収集されたデータを通して発見された。そして、その後、NASA Swift Gamma-Ray Burst Mission（スウィフトガンマ線バーストミッション）とチャンドラX線望遠鏡、Very Large Array（巨大望遠鏡群）、そして Very Long Baseline

第10章　アンドロメダ銀河

Array（ベリー・ロング・ベースライン・アレイ）によって観
測された。そのマイクロクエーサーは、アンドロメダ銀河内で
最初に観測されたもので、ミルキーウェイ銀河外でも初めて
だった。

# 球状星団

　アンドロメダ銀河に関係した球状星団が、約460個ある。メ
イオールⅡとして識別されている、これらの星団の中で一番
大きなものは、球状星団1（G1）というニックネームが付い
ている。これは、ローカルグループの銀河内の、他のどの球状
星団よりも遥かに光輝である。それは、数百万個の恒星を含
み、オメガ・セントーリの2倍の明るさである。オメガ・セン
トーリは、ミルキーウェイ銀河内の知られた中で、一番光輝な
球状星団で、G1は数種の恒星種族を持ち、普通の球状星団と
比べると大質量すぎる。それで、幾人かの天文学者は、G1を
遠い過去に、アンドロメダ銀河によって捕食された、矮銀河の
核の名残であると考えている。見かけの明るさが最も光輝な
ものは、南西の腕の東部半分に位置している球状星団G76で
ある。もう1つの大質量球状星団037-B327は、2006年に発見
され、アンドロメダ銀河の星間の塵によって、非常に赤く変色
されていて、これの方が、G1より大質量であり、ローカルグ
ループ内で最大の球状星団であると考えられた。しかし、幾人
かの研究者によって、実際、性質についてはG1と同様である
ことが示されたようだ。

113

ミルキーウェイ銀河の球状星団は、比較的幅の狭い年齢分布を示している。一方、アンドロメダ銀河の球状星団は、遥かに大きな年齢の幅がある。アンドロメダ銀河と同じくらい古いものから、遥かに若い球状星団まである。それは、2億歳から3億歳と50億歳の間の年齢である。

　2005年、天文学者は、アンドロメダ銀河内に、全く新しいタイプの星団を発見した。その新しく発見された星団は、数十万個の恒星を含む。それは、球状星団内で発見された恒星とほぼ同数である。それらの星団を球状星団と区別するものは、それらが数百光年幅という遥かに大きい幅を持つことと、数百倍密度が低いことである。だから、恒星間の距離も、新しく発見された星団内では、遥かに大きくなる。

　アンドロメダ銀河内の最も大質量の球状星団は、B023-G078で、太陽質量の10万倍という中間質量を持つブラックホールが、中央付近にある可能性が大である。

# ＰA-99-N2イベントと銀河内の太陽系外惑星候補

　PA-99-N2は、1999年、アンドロメダ銀河内で探知されたマイクロレンズ現象であった。これに対する1つの説明は、太陽質量の0.02倍から3.6倍の間の質量を持った恒星による、赤色巨星の重力レンズ効果である。これは、その星が、その周りを公転する惑星を持つ可能性が高いことを暗示した。この太陽系外惑星は、木星質量の6.34倍の質量を持つ。それが確認されると、最初に発見されたミルキーウェイ銀河外の惑星になる。し

第10章　アンドロメダ銀河

かし、その現象の異常さが、後に見つけられた。

## 近隣銀河と衛星銀河

　ミルキーウェイ銀河のように、アンドロメダ銀河も小さい衛星銀河を持っている。そこには、20個を超える知られた矮銀河がある。アンドロメダ銀河の矮銀河種族は、ミルキーウェイ銀河と同様であるが、その数は遥かに大きい。最もよく知られ、一番容易に観測できる衛星銀河は、M32とM110である。最近の観測によると、M32は、過去にアンドロメダ銀河との接近遭遇があったようだ。M32は、かつてはもっと大きな銀河であったが、その恒星ディスクをアンドロメダ銀河によって剥ぎ取られ、比較的最近まで続いた、核地域の恒星形成の激増を経験したようだ。

　M110は、また、アンドロメダ銀河と相互作用中で、天文学者は、アンドロメダ銀河ハロー内に、メタルの多い恒星のストリームを発見した。それらのストリームは、これらの衛星銀河から剥ぎ取られたようである。M110は、塵のレーンを持っている。これは、最近の、あるいは現在進行中の恒星形成を明示している。M32も、若い恒星集団を持っている。

　三角座銀河（M33）は、アンドロメダ銀河から750,000光年の距離にある銀河で、矮銀河ではない。それは、現在、アンドロメダ銀河の衛星銀河であるかどうかはわかっていない。

　2006年、アンドロメダ銀河の核を横切る平面内に、9個の衛星銀河が発見された。それらは、独立した相互作用から考え

られるような、無秩序には配列されていない。これは、衛星銀河に対する共通の潮汐力起源を明示しているようである。

## ミルキーウェイ銀河との衝突

アンドロメダ銀河は、秒速約110kmでミルキーウェイ銀河に接近中である。太陽は、ミルキーウェイ銀河中心を秒速約225kmの速度で公転しているので、太陽に関しての接近速度は、秒速約300kmになる。これが、アンドロメダ銀河を約100個の青方偏移している銀河の1つにしている。ミルキーウェイ銀河に対して、アンドロメダ銀河の横に逸れる速度は、接近速度より比較的小さいので、約25億年から40億年の内に、ミルキーウェイ銀河と正面衝突すると考えられている。この衝突から可能性の高い結果は、銀河が融合して、巨大な楕円銀河、あるいは大きなディスク銀河を形成することである。このようなイベントは、銀河グループの中では頻繁に起こっている。その衝突イベント中の地球と太陽系の運命は、現在のところ不明である。銀河融合の前、太陽系がミルキーウェイ銀河から放り出される、あるいはアンドロメダ銀河に加わる可能性も少しはあるようだ。

なお、このイベントについては、拙書『ミルキーウェイ銀河』第3部「ミルキーウェイ銀河崩壊」第3章「銀河の崩壊」で詳しく述べているので、そちらを参照されたい。

第10章　アンドロメダ銀河

## アマチュアの観測

　最高のシーイング下では、アンドロメダ銀河は、肉眼で見る
ことができる最遠の天体の1つになる。M33とM81も同様の
サイズであるので、暗い夜空だと肉眼で見ることができる。そ
れらは、カシオペア座とペガサス座付近の夜空に位置してい
る。アンドロメダ銀河は、観測には、北半球では、秋の夜が最
適である。この時、頭上高くに見えて、10月の真夜中頃には
最高の位置に来る。その後、季節が進むと、1カ月で2時間早
くなり、2月には西に沈む。南半球では、アンドロメダ銀河
は、10月と12月の間に見られる。しかし、なるべく北の方に
行った方が良い。双眼鏡を使うと、アンドロメダ銀河のいくつ
かの大きな構造と、2つの光輝な衛星銀河M32とM110を見る
ことができる。アマチュアが使う望遠鏡で見ると、アンドロメ
ダ銀河のディスク、幾つかの光輝な球状星団、黒い塵レーン、
そして大きな恒星雲NGC 206を見ることができる。

# 第11章 マゼラン雲物語

　1つの大きい、そして1つの小さいマゼラン雲は、南半球の夜空ではよく見る光景である。それらは、ミルキーウェイ銀河について多くのことを語ってくれる。

　マゼラン雲は、南アメリカ、オーストラリア、そして南アフリカの原住民の多くのグループの文化と伝説の一部である。そこでは、マゼラン雲は、レアの羽のようなものを表現する名前が付けられた。レアは、ダチョウの南アメリカ種である。セトルハコでは天の動物の足跡、プロルッギーではペアの鶴、そしてジュカラでは、キャンプファイアーの側に座る老カップルとなっている。ポリネシアとヨーロッパの船乗りは、また、天体ガイドとしてマゼラン雲を使った。そして、ヨーロッパ人は、後に、フェルナンド・マゼランの16世紀の地球周回を明確にするために、それらに名前を付けた。

## マゼラン雲

　荘厳な夜の天体であることはさておいて、マゼラン雲は、プロの天文学者にとって人気のあるターゲットである。実際、それらは15,000本以上の研究論文のテーマになっている。その人気には多くの理由がある。そこには、マゼラン雲の近接が含まれる。それらは近隣の銀河で、大マゼラン雲まで約16万光年

で、小マゼラン雲までは約20万光年である。これは、それらが十分近くにあって詳細を研究することができることを意味している。また、十分に遠いので、そこにある恒星は、一様な距離にあるとして近似できる。そこが、ミルキーウェイ銀河の恒星と違うところである。ミルキーウェイ銀河内では、木を見ることによって森を見ることの困難さがある。

マゼラン雲は、多くのよく知られた特徴を持っている。例えば、大マゼラン雲内のタランチュラ星雲は、ふつう30ドラダスと称され、銀河のローカルグループ内で一番大きな恒星形成領域である。北半球天文学者には、一般的にオリオン星雲（M42）の方が馴染み深い。これは、ミルキーウェイ銀河内の大質量星の揺りかごである。しかし、30ドラダスをオリオン星雲の距離に置いたとすると、それは、夜空の5分の1を占めることになる。だから、夜、影を投げかける。30ドラダスの中心には、R136と呼ばれる密度が高い大質量星団がある。これは、約200万年以下の年齢で、非常に若い恒星を保有しているので、その最も質量の大きい恒星でも、まだ、その短い生涯を終えていない。

R136の外部ではあるが、依然として30ドラダスに入っている恒星は、200万年から300万年早く形成された。だから、進化するためにさらに多くの時間がそれらに与えられた。超新星爆発によって、その束の間の生涯を終えるという行為の中で捉えられた、これらの恒星の1つから出た光が、1987年に地球に到達したことはよく知られている。ラスカンパナス天文台の望遠鏡オペレーターであったオスカー・ダハルデが、外に出て

夜空を見上げたとき、彼は大マゼラン雲内に見慣れない新しい星を発見した。SN 1987A と名付けられたそのイベントは、熱烈な観測を始めさせ、超新星爆発研究を一新した。特に、距離計測に超新星爆発をどのように使うかについてである。これが、2つの超新星爆発探査チームによる1998年のダークエネルギー発見で頂点に達した。

なお、「SN 1987A」については、拙書『ブラックホールの実体』第2部「ブラックホール探究」第2章「超新星爆発」「過去の超新星爆発」「SN 1987A」で詳しく述べているので、参照されたい。

## 大マゼラン雲の重力構造

大質量星は素早く、そして非常に複雑に進化するので、その中で起こっている物理学的プロセスを理解してモデル化することは、チャレンジである。フィル・マッセイは、著名な天文学者の一人で、マゼラン雲の研究に一生を捧げている。2001年、彼は、大マゼラン雲内にある赤色超巨星の観測を計画していた。その赤色超巨星は、太陽質量の約10倍から25倍の質量を持った恒星から進化したものである。

マッセイ研究者グループは、大マゼラン雲内の赤色超巨星の数百のスペクトルを採ることができた。それらと他のスペクトルから、その研究者グループは、テクニックを発展させて、赤色超巨星の温度を計測した。その結果、理論的な恒星モデルに、以前は合致しなかった温度規模を修正できた。彼らは、ま

第11章 マゼラン雲物語

た、太陽半径の約1,500倍の半径を持つ数個の恒星を確認した。それらの恒星は、今までに確認された最も大きい恒星の幾つかになった。

彼らは、また、これらのテクニックを赤色超巨星ベテルギュースの観測に最近適応させた。その結果、ベテルギュースの温度は、それがよく知られた1等星以上光度を下げる間でも、ほとんど変化しないことを突き止めた。彼らは、その光度が下がる現象は、ベテルギュースの大気から周期的に噴出した、塵粒子が原因であると結論付けた。

それらの赤色超巨星を使って、大マゼラン雲の重力構造を探査した。それは、それらの赤色超巨星のスペクトルから、視線に沿ったそれらの速度を計測することだった。その赤色超巨星が速く動けば動くほど、それらのドップラー効果は大きくシフトする。それらの速度を決定するために、ディジタル方式で、各恒星のスペクトルを参考スペクトルの上にスライドさせた。それらの参考スペクトルは、対応する速度をすでに知っているものである。そして、それらのラインの間のシフトを単純に計測した。

1970年代、ヴェラ C. ルービンと他の天文学者が、同様のテクニックを使って、アンドロメダ銀河やM33のような銀河内の恒星の公転速度を計測した。その結果、彼らは、その銀河の中心から恒星が遠く離れれば離れるほど、公転速度は速くなり、それらの銀河内の光る天体からの重力的引きだけでは、その公転速度を説明できないことを発見した。ダークマターのこの発見は、それ以来、試練に耐えた。銀河は、集中したダーク

121

マターハローの上に、普通の物質を安定させて形成されている
という共通理解に対して、それが中心になっていった。

　ダークマターの存在は、ディスク形状の外縁部に位置する恒
星は、それらが銀河核から遠いという事実にもかかわらず、ふ
つう一定の速い公転速度を維持していることを意味している。
言い換えると、銀河の自転カーブは、フラットである。そして
大マゼラン雲の外縁部にある赤色超巨星は、フラットな公転
カーブを見せるので、そのことから、ミルキーウェイ銀河の最
大衛星銀河もまた、相当量のダークマターを保持していること
がわかった。

## ダークマターが光のエコーを導く

　その発見から50年が経過しても、我々は依然として、ダー
クマターが何でできているかを知らない。しかし、その努力を
怠っていたわけではない。1990年代、ダークマターの構成物
質の最有力候補は、大質量コンパクトハロー物質（MACHOs）
であった。つまり、見えないブラックホール、中性子星、ある
いは光度の低い褐色矮星だった。

　研究者の数グループが、大マゼラン雲内の恒星観測によっ
て、このような天体の兆候を探した。それは、もしMACHO
がその前を通過したとき起こる、突然の光の増強を捉えること
を期待したものだった。前方にあるMACHOは、重力レンズ
として働く。それは、見えない質量が、後方の星からの光線を
曲げ、我々の見る光を増強する。これは専門的に言うと、マイ

クロレンズの例である。何故なら、背後の星の歪んだ形状が、マイクロアークセコンドの範囲で計測されるからだ。その結果、MACHO が接近したとき、後方の星の光が予想通り増強され、それが遠くに離れたとき光度が落ちる。その全体の現象は数時間、数日、あるいは数週間続く。天文学者は、大マゼラン雲内に2〜3のマイクロレンズ現象を見つけた。つまり、それは可能性の高いダークマター源であるが、決定的結論を得るためには、さらに多くの現象を必要とした。

2005年ごろ、天文学者は、1日おきに大マゼラン雲内のある地域を観測した。その目的は、マイクロレンズ現象を暗示する星の光度変化を計測することだった。そのとき、2つの画像の間で変化する天体を確認し、時間経過に従って、それらの光度がどのように変わるかを追跡した。

2003年終盤、奇妙な天体を発見した。それは「動く星雲幽霊」と呼ばれた。これらが大マゼラン雲内にあれば、それらは光速で動いていなければならない。そしてその幽霊は、夜空に同心円を形成していることに気づいた。その同心円の中心には、SN 1987A があった。

天文学者は、光のエコーを見ていた。超新星爆発からの当初の光が、大マゼラン雲内の、取り巻く塵の雲に反射していた。それは、アルプスで跳ね返る音波のようである。エコーした光のピンボールの軌道は、それが地球に到達するために、余分な時間を必要としたことを意味した。その超新星爆発から、直接来た光から、約15年遅れて到着した光だった。これらの光のエコーは、その超新星爆発から、等距離にある周囲の塵の雲の

表面を辿る環を形成している。異なった半径の個々の環は、その超新星爆発から異なった距離で、塵のシーツに反射したことを示している。これらの光のエコーは、別のプロジェクトによって以前に発見されていたことがわかった。だから、彼らはそれらを再度発見したことになる。

しかし、その観測を続けて詳細に調査したとき、追加的光のエコーを発見し始めた。それは、SN 1987A のもの以外の位置に対応するアークであった。これらの新しいエコーは、数世紀前の大マゼラン雲内の超新星爆発からのものだった。それは、依然として遅れた形状内の当初の超新星爆発を見ていたことになる。これらの光のエコーは、当初の超新星爆発のずっと後で、超新星爆発を研究する独特の方法を見せてくれた。そして、結果的にダークマターの重要な源としての MACHOs に対する注目に値する証拠を見つけられなかったが、全く予期しなかった何かを発見したことになる。そして、それはすごくパワフルなものだった。

大マゼラン雲内の赤色超巨星を解析するという研究に続いて、大マゼラン雲内の他の恒星の速度を計測した。若い赤色超巨星より、もっと古い恒星に絞って、数十億年という時間経過が、どのようにそれらの動力学に影響を与えるかを見て、最終的に数千のスペクトルを収集した。

そのデータを詳細に分析した後、大部分のこのような古い恒星は、赤色超巨星と同じフラットな公転カーブを辿る速度をもつことを発見した。しかし、それらは、また、ちょっとランダムなノイズを示した。それは、それらが数十億年の公転による

進化を経験したことによって、予想されたものだった。しかし、そのトータルの約５％から10％は、それらが残りの恒星とは、逆の方向に公転していることを暗示する速度を持っていた。これは、非常に奇妙である。それは太陽系の中で惑星の１つが、違う方向に公転しているように奇妙なものである。

　ただ、視線に沿った恒星の速度を計測しただけなので、もう１つの可能性として、それらの恒星は、他の恒星と同じ方向に公転していて、高い傾斜角を持っていることが考えられる。高い傾斜角を持つとは、大マゼラン雲のディスクの上下を動いていることを示し、視線に沿った恒星の速度とは、我々に向かった、あるいは遠ざかる速度を意味する。その可能性は非常に高いと結論付けて、最近、ガイア探査機からのデータを使って、恒星のフル3D速度を得ることによって、それを確認した。


## 恒星の動きを、時間経過を逆に辿って追跡する

　大マゼラン雲と小マゼラン雲は、重力的に影響しあったペアの銀河であると長い間考えられてきた。この明らかな相互作用の最も明白な証拠は、マゼラニックストリームとその延びた腕である。それらは、夜空の半分以上まで延びて、広がっている中性水素ガスの捻じれたリボンからできている。

　このリボンは、大マゼラン雲と小マゼラン雲の両方を結びつけているストリームを含んでいて、30ドラダス上に収束するフィラメントの２つを含んでいる。大マゼラン雲から見ると、そのストリームは、以前に発見された奇妙な動きをする恒星の

125

幾つかと同じ速度を持っている。さらに、その奇妙な動きをする恒星の中に、豊富な鉄が計測された。大マゼラン雲内の他の恒星は鉄が少ないので、それらの恒星と比較すると驚くべきことだった。

そのストリームと、見かけ上移動する恒星を基礎にして、大マゼラン雲は、その小さい兄弟である小マゼラン雲から、恒星を盗み取ったと結論付けられた。これらの盗まれた恒星は、大マゼラン雲ディスクの前面と後方で公転している。さらに、大マゼラン雲と小マゼラン雲を結びつけている腕は、明らかに盗まれた恒星と共に引き裂かれて、現在、大マゼラン雲ディスクに分類されている。それは、ちょうど30ドラダスの位置である。このシナリオは、30ドラダスが、非常に積極的に、恒星形成を行っている理由を説明しているようだ。その落ちてくる物質が、30ドラダス上に余分の圧力を与えて、恒星風や超新星爆発によって、近隣のガスが完全に吹き飛ばされないように、その中にキープしている。恒星風や超新星爆発が、恒星形成を止めるからである。これらの引き裂かれた大質量星は、また、1990年代に見られたマイクロレンズ現象の源かもしれない。それらのマイクロレンズ現象は、ミルキーウェイ銀河全体にばら撒かれたダークマターの重要な源泉としてのMACHOsを排除した。

さらに上質のデータと精巧な理論モデルをもって、長い年月の間に、マゼラン雲が、お互いどのように相互作用したかが、年々明らかになってきている。別の研究者グループは、近隣銀河の3D的動きを計測した。そこには、マゼラン雲も含まれ

る。彼らは、マゼラン雲がミルキーウェイ銀河と関係しても、単なる緩やかなつながりであると結論付けた。また、別の天文学者は、マゼラン雲の動きをモデル化することによって、過去20億年から30億年の間に、大マゼラン雲と小マゼラン雲が、数回の通り過ぎを経験したことを発見した。そして、約3億年前、お互いが衝突した可能性があることも見つけた。

　このような衝突から、大マゼラン雲が、どのようにして小マゼラン雲から恒星とガスを引き抜き、どのようにマゼラニックストリームを形成したかを説明できた。さらに、マゼラン雲から多くの恒星が、母銀河から遠くに飛ばされたことを予想できるようだ。これは、それらの恒星が、南天の夜空の大きな地域に広げられたことを意味する。だから、これらの恒星探査のために、夜空の星図を作ることが重要である理由になっている。

## 近隣の南天星図作成

　南天の大きな地域の星図作成の最良機器の1つが、Dark Energy Camera（DECam：ダークエネルギーカメラ）である。この機器は、Dark Energy Survey（DES：ダークエネルギー探査）のために建造された。その探査は、ダークエネルギーの性質を見ることを目的としているが、ミルキーウェイ銀河ハローの星図を作り、マゼラン雲の外縁部を探査することも目標としている。

　2015年2つの研究者グループが、この機器のデータを使って、新しい8個の、極めて光度の低い、小質量の矮銀河を発見した。これらの銀河的幽霊の幾つかは、それらをマゼラン雲の

伴銀河のように見せる位置、距離、そして速度を持っている。言い換えるとミルキーウェイ銀河の伴銀河の伴銀河である。

Survey of MAgellanic Stellar History（SMASH：マゼラン雲の恒星の歴史探査）共同研究は、大マゼラン雲と小マゼラン雲から20°離れたところに、マゼラン雲から出た恒星を発見した。これは、マゼラン雲が、以前考えられていたよりも遥かに遠くまで広がっていることを示している。最終的に、ガイア探査機からのデータを使って、マゼラン雲の恒星を驚くほど詳細に星図に表した。彼らの2018年の論文 "Clouds in arms"「腕の中の雲」は、小マゼラン雲が約15°、大マゼラン雲が約30°の広がりを見せていて、両方ともそれを遥かに超えて広がる腕を持っていることも示した。

過去22年間、我々は、非常に多くの天文学的発見に、それらがどのように密接に関係したかを学んだ。しかし、マゼラン雲は多くの驚くべき事実を依然として隠しているようだ。

マゼラン雲の生涯の各時期において、それらはどのように見えたかを想像すると、次のように考えられる。ペアの銀河が、ダークマターの塊の上に安定したガスから凝縮して、お互いの周りをダンスするように動き回り、同時にミルキーウェイ銀河に突き進んで行った。それらが、ミルキーウェイ銀河にぶつかってきたとき、それらは、お互いにぶつかり合い、それらの前方と後方の両方に、恒星とガスのプリュームを放り出した。その動きの中で、そのペアは、ぶつかり合うガスが、激しい恒星形成を始めるとき、時々、炎のように燃え上がった。最終的に、光度の低い矮伴銀河は、外縁部に座った。

# 第12章　タランチュラ星雲

　この巨大な宇宙の雲は、生命を生み出す、恒星の荘厳なクローズアップの眺めを我々に提供している。

　1799年、フランス軍人が、ナイルデルタにあったエジプトの街ロゼッタ（現在はラシッド）付近で、大きな黒い岩石を掘り出した。その平らな表面には、紀元前196年の、13歳であるプトレマイオス5世への忠誠を主張する、1つの法規命令の3つのバージョンが記されていた。1つは、古代ギリシャ語、1つは、エジプト人の日常用語、そして1つは、象形文字であった。そのロゼッタストーンは、古代エジプトの象形文字と、最終的にそれらを創った、偉大な文明を理解するキーになった。

　ナポレオンの軍隊が、埋もれたロゼッタストーンを発見する約50年前に、もう一人のフランス人探検家が、同等の驚くべき発見をしていた。それは、地下からではなく、頭の上にあるものだった。1751年、天文学者ニコラ・ルイ・ド・ラカイユが、喜望峰から南天の深淵天体を探査していた。彼は、0.5インチ（1.17cm）屈折望遠鏡を使って、小さい星雲があることに気づいた。その天体は、大マゼラン雲の北東の端付近にあった。大マゼラン雲は、巨大な星雲地域で、天文学者は、現在、それをミルキーウェイ銀河の衛星銀河として認めている。

　ラカイユは、それを第1種の星雲としてカタログに記した。それは、彼が望遠鏡を通しても、星雲内のどの星も見ることが

できないという意味だった。彼の1801年に出版した星図の中で、ドイツ人天文学者ヨハン・エラート・ボーデは、それを30ドラダスと称した。それは、旗魚座内に位置するからだった。大口径望遠鏡を使って撮られた深淵宇宙の写真が、輝くガスからできた、その蜘蛛のような巻髭構造を明らかにしたのは、20世紀に入ってからだった。そして、その巻髭構造から、今使われている名前「タランチュラ星雲」になった。

## 大きく、光輝、そして美しい

タランチュラ星雲は、巨大な恒星の揺りかごである。その真ん中では、大部分の水素ガスの巨大な貯蔵庫を数十万個の恒星に変えている。これらの新しく生まれた恒星の一番大きなものは、今知られている一番質量の大きい恒星の中に入る。それらは、高温で光輝に輝き、周囲のガスをイオン化し、特徴的な赤色で、それを輝かせている。

大きく光輝であるという言葉を使って、タランチュラ星雲を表現できるが、それらは、実際には表現しきれていない。全体の星雲は、約1,000光年の幅を持つ。対照的に、ミルキーウェイ銀河のオリオン星雲（M42）の直径は、ほんの25光年にすぎない。オリオン星雲は、北半球の中緯度から見ることができる恒星形成領域の素晴らしい例である。そして、タランチュラ星雲は、南半球から肉眼でも見ることができるくらい光輝に輝いている。地球から16万光年の距離にあるにもかかわらず。対照的に、オリオン星雲は、地球から1,500光年の距離にあっ

第12章　タランチュラ星雲

て、宇宙サイズで見ると石を投げて届く範囲にあると言える。

　換言すれば、タランチュラ星雲をオリオン星雲と同じ距離に置いたと仮定すると、満月を75個横に並べたくらい夜空の大きな地域を占める。それは、天頂から地平線までの線の40%くらいまで延びる十分な大きさである。そしてそれは、十分に光輝であるので、ハッキリとした影をつくる。

　今の位置でも、タランチュラ星雲は、宇宙的な見方をすると、十分に我々の近くにある。そして、天文学者を魅了するターゲットになっている。タランチュラ星雲は、ローカルグループの中で、最も強烈に恒星形成をしている地域である。ローカルグループの中の地域は、80個以上の銀河を含む太陽から約1,000万光年以内である。それは、我々が詳細に探究できるスターバーストのただ1つの例である。スターバーストは、極めて強烈に、そして素早く、恒星形成をすることを意味すると言われている。

　実際、天文学者は、タランチュラ星雲がもっと近くであってほしいとは必ずしも思っていないようだ。それが、ミルキーウェイ銀河の塵の多いレーンから離れているので、科学者は障害のない眺めで観測できる。つまり、タランチュラ星雲内の天体を綺麗に見ることができる。オリオン星雲やカリーナ星雲（NGC 3372）のように、近隣の恒星形成ホットスポットを探究することは、さらに困難である。何故ならば、ミルキーウェイ銀河ディスクの、塵の多い煙霧を通して観測しなければならないからである。

　タランチュラ星雲は十分に近いところにあるので、我々は、

131

X線から赤外線まで、電磁気スペクトル全体でここの恒星を探究できる。さらに、それを１つの星雲として考えられる。同様の印象的な恒星形成領域を探究するためには、もっと遠くを観測する必要がある。だから天文学者は、個々の恒星を解明できず、ただ全体的な性質を研究できるだけである。

## 蜘蛛の糸を解く

　タランチュラ星雲は、270年前、ラカイユが初めてそれに注目して以来、天文学者を魅了してきた。ただし、タランチュラ星雲の内部構造を解読するために必要な道具は、まだまだ不十分だった。

　ハッブル宇宙望遠鏡は、タランチュラ星雲を探究する主導的役割を果たした。そこで、Hubble Tarantula Treasury Project（HTTP：ハッブル宇宙望遠鏡タランチュラ星雲至宝プロジェクト）が発足した。このプロジェクトは、複数の波長による探査をして、その星雲の恒星の最も正確な調査を行った。HTTP は高解像度探査で、数個のフィルターを使って行う。それらは、一番高温で一番質量の大きい恒星から来る光に対して、感度の良い近紫外線フィルターから、厚い塵の壁を突破し、小質量の若い恒星が輝いている場所を明らかにする近赤外線フィルターまで使っている。

　今までのところ、その調査では、82万個の恒星を扱っている。その範囲は、太陽質量の200倍以上の規模を示す怪物恒星から、太陽質量のちょうど半分という恒星まである。ハッブル

宇宙望遠鏡のお陰で、天文学者は、どのように大質量星と小質量星が共存しているか、そして、大質量星からのパワフルな放射が、小さい伴星の普通の進化を変化させるかどうかを研究できる。

もう1つのタランチュラ星雲研究は、VLT-FLAMES（タランチュラ星雲探査）である。その探査は、タランチュラ星雲の大質量星に焦点を絞っている。VLTは、European Southern Observatory（ヨーロッパ南半球天文台）にあるVery Large Telescope（VLT）を指す。一方、Fibre Large Array Multi Element Spectrograph（FLAMES）は、複数の波長を扱う巨大分光器である。従って、ヨーロッパ南半球天文台の巨大望遠鏡群の、8.2m望遠鏡の1つに設置したFLAMESを使って観測を行う。

FLAMESは、夜空の25′地域内で、同時に130個以上の天体の光学スペクトルを採れる。25′だとタランチュラ星雲の大きな部分を十分にカバーする。だから、その観測から、タランチュラ星雲内の各恒星の温度、表面重力、構成物質、自転率、そして視線速度を明らかできる。


## 蜘蛛の巣の中へ

タランチュラ星雲は、一体となっているように見えるが、その探査は、タランチュラ星雲が、数個の異なった星団と星雲の複数の地域を持った、多くの相互に関係した部分を持つことを示す手助けとなった。タランチュラ星雲の中心には、印象的な星団ラドクリフ136（R136）がある。1980年代まで、天文学者

は、この強烈で光輝な中心地域は、多分、太陽の1,000倍の重量を持つ1つの超大質量星であると推測していた。それは極めて目立ったもので、少なからずこのような恒星は、存在しないと物理学の法則は規定していた。

しかし、天文学者が高解像度画像技術を発展させて、ハッブル宇宙望遠鏡が、画像を歪める地球大気の上に出たので、R136の真の姿が注目を浴びるようになった。それは、数十個のO型主系列星と同じく、高温大質量のウォルフ・ライエ星から成るコンパクトな星団であることがわかった。O型主系列星は、最も高温光輝な大質量星であって、依然として、その核内で水素をヘリウムに変換している。そして、ウォルフ・ライエ星は、猛烈な恒星風で特徴付けられている。

よく知られた宇宙の中で、このような恒星の怪物が含まれるような場所は他にない。一般的に、そして特に、その密度の高い星団R136があるタランチュラ星雲は、我々が最近確認した最も質量の大きい恒星を含んでいる。そこには、数十個の太陽質量の100倍を超えるものが含まれる。その極め付けの恒星は、太陽質量の200倍から300倍で生涯を始めた。過去200万年くらいの間に、10%から20%スリムになった。何故ならば、それらの恒星は、驚くような率で質量を吐き出しているからだ。これらの恒星の中の10個の光輝な恒星は、全てのタランチュラ星雲ガスをイオン化するエネルギーの30%近くを供給している。

恒星の質量が大きければ大きいほど、その生涯は短くなる。O型恒星は、200万年以上は生きられず、それらの恒星は、核

融合燃料を使い果たして、最終的に、超新星爆発を起こすか、内破して直接ブラックホールになる。R136内のこれら大質量星の豊富さは、それが100万歳から200万歳以上ではないことを暗示している。研究者チームは、また、R136の北東15光年から20光年のところにある、さらに小さく、もっと散開している恒星の塊を発見した。この恒星グループは、O型恒星は含んでいないが、ちょっと小さく温度の低いB型恒星を含んでいる。これは、その恒星の塊が、R136より100万年以上古いことを意味している。

　この地域の恒星の密度から、幾人かの科学者が、それはいつの日か、球状星団を形成するのではないかと推理している。ミルキーウェイ銀河内の全ての球状星団は古く、その形成は、ミルキーウェイ銀河誕生近くまで遡るけれど、大マゼラン雲は、多くのそっくりな星団を保有している。R136から約65光年以内の空間には、太陽質量の9万倍近くの質量の物質を含んでいるが、それは、ミルキーウェイ銀河内の球状星団の平均サイズに近い。


## 最初の光を探す

　R136を取り囲む地域は、NGC 2070の中にあって、タランチュラ星雲内の最も光輝な星雲の地域である。ここは、大部分の残りの水素ガスがあるところで、恒星が、現在も異常な速度で形成されているところでもある。

　タランチュラ星雲の環境は、NGC 2070を越えるとそれほど

活発ではない。その星雲は、明らかに2,000万年から3,000万年前に誕生した。それは、R136の現在位置の北西約145光年のところで輝き始めたときであった。この当初の恒星形成が、星団ホッジ301を生み出した。数千万年は、巨大質量星が超新星爆発するまでの時間で、天文学者は、40回から60回の超新星爆発が、その星団の生涯で起こったと推測している。

　それらの超新星爆発は、2つの特徴的な結果を残した。まず、それらの超新星爆発は、ホッジ301内の多くのガスと塵を吹き飛ばした。だから天文学者は、その星団のはっきりした画像を見ることができる。2つ目に、その拡張する超新星爆発の衝撃波が、NGC 2070の外縁部のガスを圧縮した。それが突然の恒星形成バーストを援助した。

　タランチュラ星雲の3番目の主要な星団は、NGC 2060である。それは、R136の南西約260光年のところにあって、そこの恒星は、約400万年から600万年前に形成された。この事実から、NGC 2060をR136とホッジ301の間の年齢と見ている。NGC 2060は、R136と比較すると、むしろさえない天体であり、ホッジ301のように、はっきりしない星団であるが、それは、タランチュラ星雲の最も顕著な天体の幾つかを保有している。

　そのトップにあげられるのは、X線パルサー PSR J0537-6910で間違いないだろう。この大質量星は、地球からも見えたようで約5,000年前に超新星爆発を起こし、その背後に、高速スピンする中性子星を残した。このパルサーは、今までに知られた中で、最もエネルギーが強いばかりでなく、最も速くスピンす

る若いパルサーである。そのパルサーは、自転軸を16ミリ秒間に１回転する。それは、ミルキーウェイ銀河のカニ星雲の中心にあるパルサーの２倍の速さでスピンしている。超新星爆発残骸N157Bに関係した、その超新星爆発残骸は、NGC 2060内にも見ることができる。

　その星団は、また、一番速くスピンする普通の恒星 VFTS 102を保有している。VLT-FLAMES 探査は、この恒星の赤道地域が、時速220万 km でスピンしていることを発見した。その速さは、太陽の自転より300倍以上速い。

　これら３つの地域は、タランチュラ星雲物語のほんの一部に過ぎない。大質量星は、全体の地域にばらまかれている。そして、それらの幾つかは、明らかに誕生地から放り出されている。例えば、VFTS 016は、NGC 2060の北西に位置する高速で動く大質量星である。VLT-FLAMES の当初の探査で、最も速く動く恒星として発見され、その研究者チームは、ただ視線速度を計測できただけだった。８年後、その研究者たちは、ESA のガイア探査機からのデータを使って、その速度が時速36万 km であることを突き止めた。その位置と速度から、この恒星は、約150万年前に R136 からはじき出されて、それ以来375光年の距離を飛んだ。科学者は、この恒星は、かつて二重星系に属し、３つ目の恒星に偶然遭遇して、現在の軌道を飛んでいると推測している。

## 遠い宇宙の探究

　タランチュラ星雲内の大質量二重星系を探究することは、VLT-FLAMES 探査の動機の１つである。その結果は驚くべきものであった。

　接近している二重星系は、いろいろな方法で相互作用できる。質量と角運動量は、１つの恒星からもう１つの恒星に移行することができ、最終的に、２つの恒星は合体する。これは、それぞれの恒星が、１つの星として誕生したときよりも、顕著に異なった進化の過程を経るという結果になる。幾つかのこのような二重星系は、二重ブラックホール系に進化して、最終的に融合する。そのとき、2015 年に天文学者が探知し始めたのと同じようなシステムから、重力波の連発を生む。驚くことではないが、大質量二重星系の現在の記録保持者メルニック 34 は、タランチュラ星雲内にある。その２つの構成員の各々の質量は、太陽質量の 120 倍である。

　HTTP から生まれた最大の機会は、近くから恒星形成バーストのライフサイクルを探究することであった。タランチュラ星雲は、過去 3,000 万年間、恒星を形成し続けてきた。この期間の恒星形成の中心は、大きく移動して、パワフルな恒星形成と、強烈な超新星爆発が、どのようにしてタランチュラ星雲の一部の地域で、恒星形成を止めたかを見ることができる。ただ、数百光年離れたところで、再度恒星形成が始まっているが。

　タランチュラ星雲内で、ちょうど今、何が起こったかが、宇

宙の初期時代の歴史の窓を開くかもしれない。遠い宇宙に対して、そのような見方をすると、天文学者は、遠い銀河内の同様の恒星形成バーストが、どのようであるかを探知できる。しかし、遠い銀河は文字通り遠方にあるので、宇宙の膨張が、これらからの光をスペクトルの赤い方向の端までシフトさせる。タランチュラ星雲の性質は、高赤方偏移の若い銀河内の強烈な恒星形成の集団と比較できるようだ。だから、初期宇宙における銀河の群がりに対する身近にある手がかりを、それが与えることになる。

　これらのシステムに対するモデルとして、タランチュラ星雲を使うと、任意のミルキーウェイ銀河に匹敵する銀河について、もう1つの利益を得られる。それは、タランチュラ星雲とそれを取り巻く大マゼラン雲は、ミルキーウェイ銀河内の恒星形成地域より、メタルの量がはるかに少ないことである。天文学者は、恒星がその生涯の中でつくり出すヘリウムよりも質量の大きい元素をメタルと呼んでいる。大マゼラン雲内のメタル量は、ミルキーウェイ銀河内のメタル量のわずか半分である。それは、遠方にある初期宇宙内の原始的な物質に非常に近い。タランチュラ星雲を探究するとき、天文学者は、彼ら自身のロゼッタストーンに首をひねるようなものである。そして、それをキーとして利用して、恒星形成と銀河形成の謎を解き始めた。

　科学者が、最前列席でタランチュラ星雲の様子を観測できたことは幸運であった。大マゼラン雲が向こう10億年の内に、ミルキーウェイ銀河に最接近するとき、これらの花火のような

ものを目撃できることは幸運である。それは長くはないかもしれないが。当初の分子雲から、ガスの多くは現在恒星に変わっている。だから、次の数百万年内に、恒星形成率が低下すると見られている。

そのショーが最終的に終わったとき、家の中の天文学者は、それは素晴らしかったと言うだろう。

## 巣 の中のもつれ

タランチュラ星雲は、ハッブル宇宙望遠鏡からの画像の中では、可視光と紫外線で輝いている。

ボックグロビュール：これらの黒いガスの濃縮は、新しい恒星を誕生させているようだ。

ピラー・チェーン：天文学者は、これらの構造は、高温ガスの外殻が、それ自体の上に衝突したとき形成されたと考えている。

星団ホッジ301：これは星団で、タランチュラの伸ばした蜘蛛の巣の一番初期のもののホームである。

星団NGC 2060：これは今までに知られた中で、最速スピンするパルサー PSR J0537-6510 を含むとともに、超新星爆発 N157B の残骸も含んでいる。

140

VFTS 016：これはかつては、R136に属していたが、この高速で動いている恒星は、それとそれが属した古いシステムとの間に、過去150万年で375光年の隔たりをつくった。

VFTS 102：知られた中で最も速く自転する普通の恒星で、記録保持者である。

# 第13章　巨大楕円銀河M87の内部

　X線による観測で、M87の内部で起こっていることを解明した結果を披露しよう。M87は、巨大楕円銀河で、乙女座銀河団に属し、ミルキーウェイ銀河の近隣では、最も質量の大きい銀河としてランク付けされている。

　1999年7月23日、チャンドラX線望遠鏡を搭載したスペースシャトルコロンビアを打ち上げた。その宇宙へ出た望遠鏡は、広域ではあるが、単純な目的をもっていた。その目的は、宇宙におけるいくつかの最も高温な、そして、最も特異な天体からのX線放射を収拾することであった。有望なターゲットは、銀河団の中心、ブラックホールの近隣、そして、超新星爆発の周辺エリアを含んでいた。そこでは、物質がふつう、数百万度の温度に達するところである。優れた角解像度と、どのX線望遠鏡よりも弱い源に対して敏感であるという特徴を備えて、チャンドラX線望遠鏡は、未曾有の明瞭さとパワーをもって、これらの天体の周辺を探査した。

　チャンドラX線望遠鏡は、特異な銀河、あるいは、銀河団を観測するようには設計されていなかったけれど、M87の観測には、特によくフィットしたようである。この巨大楕円銀河は、乙女座銀河団の中心に位置し、とてつもない大きさのブラックホールを有している。そのブラックホールの質量は、太陽質量の約60億倍である。それは、また、活動銀河として認

められている。活動銀河とは、非常に光輝な銀河で、その核に
あるコンパクトな地域から、広範囲の波長で強く光を放射して
いる。その核は、いわゆる活動銀河核である。

　他の巨大楕円銀河と比べると、M87は比較的近い距離にあ
る。地球からの距離が5,000万光年から5,500万光年であるの
で、一番近くにある活動銀河と言える。しかも、内部にガスで
充満した星団を含んでいる。さらに、そのX線放射が、だいた
い100万から200万ケルビンという最適の温度と、エネルギー
の幅を、チャンドラX線望遠鏡の機器にもたらしている。その
ため、M87は、巨大質量ブラックホールとその周辺のガスの
相互作用を研究するには、最適の天体である。

　天文学者は、M87の中心部にある巨大質量ブラックホール
が、その環境にどのように影響するかだけでなく、その環境を
いかに制御するかについて、理解しようとしてきた。そして、
その努力が実った。

## 赤と死

　天文学者は、M87を初期の銀河として分類している。この
カテゴリーには、楕円銀河とS0銀河が含まれる。S0銀河と
は、楕円銀河と円盤を形成した渦巻銀河の間にあるものであ
る。赤みを帯びた色で、古くて質量の小さい恒星が大部分で、
楕円銀河は、進行形の恒星形成をほとんど示さない。一方、渦
巻銀河は、青みがかった色で、より多くの恒星形成を見せ、想
像通り、平均よりも若い恒星を多く保持している。そこで、天

143

文学者は、何故、M87のような銀河は、新しい恒星をそのように僅かしか形成しないのかという長年の課題を与えた。言い換えると、何故、このような銀河は、赤くて死が多いのかとなる。

　過去10年間のM87に対する詳しい調査から、M87の巨大質量ブラックホールが、実際、ガスを高温に保っていることがわかった。そのブラックホールへ落ち込む少量の物質が、周期的な噴出のエネルギー源となり、スペクトルの電波波長で明るく光るパワフルなジェットを生成する。ジェットを構成する高速で動く電子、陽子、そして他の荷電粒子が、実際に、そのガスに熱を与えている。


## クエーサーとの関連

　このエネルギーの噴出と、宇宙の初期の若い銀河との対比を見てみよう。このような銀河は、普通、急速に成長し、中心にあるブラックホールは、ガス、塵、そして、近づき過ぎたあらゆる物質を引っ張り込み、ガツガツ食うことができる。これらの物質は、ブラックホールに接近したとき速度を上げ、高温になって明るく輝く。このプロセスの中で、ブラックホールは、一時的にクエーサーになるようだ。クエーサーとは、活動銀河の最も光輝なタイプである。クエーサーは、また、イオン化されたガス、あるいは、プラズマから成るジェットを噴出する。その噴出の速度は、光速に近く、それらは、電磁放射の形で、ほとんどすべてのエネルギーを放射する。

第13章 巨大楕円銀河M87の内部

　ブラックホールの捕食、あるいは合体の速度が、ある値より低下すると、クエーサーの状態は終わる。そのとき、ブラックホールの周辺は、ほとんど物質がなくなり、大部分の巨大な核のエネルギーは、動的な、あるいは力学的なエネルギーの形で、ジェットの中へ入ってしまう。これらのジェットは、数十万光年でなくても、数千光年の広がりをもつことになる。これらのジェットのパワーは、放射の中のパワーの千倍以上である可能性がある。そして、それが、低い赤色偏移を見せる。

　捕食するブラックホールが、すべての活動銀河を活発にする。活動銀河のエンジンであるエネルギーの噴出が、放射から動的エネルギーにスイッチされたとき起こる変移を、天文学者は、アメリカの国民的スポーツの表現を引き合いに出す。野球のボールがバットで打たれたとき、ある程度の動的エネルギーをそのボールは運搬するが、エネルギーはほとんど放射しない。同じように、M87のジェットは、ほとんどエネルギーを放射しないが、力学的エネルギーは、千倍以上運ぶ。

　いろいろなプロセスが、力学的エネルギーを熱に変換するが、ブラックホールの周囲を取り巻く巨大な被覆が、重要な役割を果たす。X線天文学の発足以前に、銀河団の核、そして、M87のような光輝な楕円銀河を取り巻く高温のコロナ、あるいは大気があることを誰も知らなかった。

　その状況を野球に例えると、次のようになる。初期の銀河は、野球チームのようなもので、ブラックホールは打者である。ときどき、打者はボールを打つ。そして、ブラックホールからの散発的なエネルギーの噴出のように、これらの打者も同

じような打球を打つわけではない。それは、単打、二塁打、三塁打、そして本塁打になることがある。もちろん、凡打に倒れることもある。一方、コロナは野手であり、その仕事は、ブラックホールからのエネルギー噴出をキャッチすることである。野手は、この競技では重要である。もし、野手がいなくて、銀河がコロナを持っていないならば、エネルギーを捕獲するものがないことになる。

　これでも、依然として問題が生じる。その問題は、非常に大きい質量を持っているものの物理的には小さいブラックホールが、如何にして数百万倍も大きい半径をもったガス雲を熱することができるのかということである。なお、ブラックホールのサイズは、だいたい太陽系の大きさで、半径約200億kmである。それは、人間の握りこぶしの大きさのものが、地球全体を熱するのと同じである。どうすれば、それが可能になるのか。最初、科学者は、この考え方を信用しなかった。それで、それを完全に無視したようだ。

## 高温な衝撃波とバブル

　活動銀河核がこのような妙技を見せるには、非常に効率が良くなければならないだろう。そのプロセスは、巨大質量ブラックホールが、逆方向へ光速に近い速度で動く２つのジェットを発したときに始まる。２つのジェットは、ブラックホールを包み込んでいる高温ガスを払いのけて、ジェットを生成している構成要素である高速で動くプラズマと、磁場の空洞（あるい

第13章　巨大楕円銀河M87の内部

は、バブルと言った方が良いかもしれないが）をそのガスの中に形成する。

　そのバブルは、周囲のものより密度が低いので、浮力がそれらを浮上させる。それらが浮上したとき、さらに希薄な環境へ入り膨張する。そして、パンケーキの形状のように平らになる。急上昇するバブルは、当初、その空洞を形成したブラックホールのエネルギーを押しやったガスに変換する。そのバブルが、引き続き上昇するとき、そのガスはバブルの周りに流れ、動的エネルギーを得て、後に、熱を発生させる。そのガスが動かされることによって、単純に高温になる。それは、水を熱しているとき、掻き回すことによって、温度が上がるのと同じである。

　ここで、もし、十分に速くバブルが膨張したならば、外部のガスを十分に強く押し付け、衝撃波を発生させる。このような衝撃波は、高速で周囲の大気を引き裂いて進む。その速度は音速か、それ以上である。一方、バブルは、より遅い速度でその背後について進む。

　衝撃波が突き進むとき、そのガスを熱する。すると、進むに従って、エネルギーを失う。表面の明るさが急激に変化するところで、X線で正体を現す。チャンドラX線望遠鏡のお陰で、研究者は、以前の観測で見つけたものを、さらに明瞭に見ることができた。M87の衝撃波は、高圧ガスの円環として現れる。その円環は、ブラックホールから42,000光年の距離まで動いている。

## 長く続くエネルギー噴出

　M87の周りに現れた衝撃波の詳しい解析を通して、研究者チームは、そのブラックホールが、どのくらい長くエネルギー噴出状態にあったかを推測した。その結果、そのブラックホールからのエネルギー噴出は、1,000万年以上前に起こり、衝撃波の速度は、マッハ1.2、即ち、音速の1.2倍であった。そして、その噴出は200万年続いた。それは、そのジェットが、バブルを膨張させるのに必要とした時間である。そのエネルギー噴出は、特に激しいものではなく、そのバブルが、もっと速く膨張したならば、もっと強い衝撃波を生んだようだ。

　そうこうするうちに、M87に現在進行形のエネルギー噴出があることがわかった。それは、すでに述べたような、新しいバブルが膨張していることを意味する。全体的に見て、バブルの繰り返すスパンは、だいたい1,000万年に1回の割合であるようだ。これは、エネルギー噴出が始まったということである。

　M87と他の銀河の観測結果を基礎にして、そのバブルは、そのジェットのエネルギーの約半分をブラックホール周辺のガスに伝搬し、一方、その衝撃波へは、4分の1伝搬され、残りの4分の1は失われる。つまり、そのガスを十分に熱しない弱い衝撃波によって、銀河団の周辺へ四散させられることがわかった。

第13章　巨大楕円銀河M87の内部

## バランスを保つためには

　M87という銀河は、バランスが保たれた状態にあることがわかった。ブラックホールから来る十分なエネルギーが、数十億年間、これらのものを安定した状態に保っているようである。しかし、如何にして、自己制御がなされているかは、まだ誰も解明していない。

　活動銀河核が、どのくらい多くのエネルギーを遠くの宇宙空間へ送り込むかを決定したい。そうするために、ある種のフィードバックのループが必要になる。その活動銀河核はガスを熱する。一方、ガスは物質をブラックホールに供給する。だから、それらが、一種の平衡状態を保持する。もし、活動銀河核が、その大気へ供給する熱があまりにも少なければ、そのガスは温度を下げ、密度が増す。その結果、より多くのガスがブラックホールの上に付着する。すると、さらに多くのエネルギーをガスに与えることになり、冷却ガスの量を減少させ、エネルギー噴出を鎮めることになる。

　その活動銀河核は、そのガスを比較的一定の温度と密度に保っている。それは、ちょうど、エアコンの自動温度調節器が、部屋の温度を一定に保っているようなものである。けれども、M87の自己制御は、必ずしも正確ではない。数分の遅れで温度調節をするエアコンとは違い、M87は、自己制御するのに数百万年を要するようだ。次のガス冷却を遅らせるエネルギーの噴出に続く、ブラックホールの上への少しのガスの付着があるようだ。しかし、毎回、エネルギーの喪失とエネルギー

149

の放出が、完全に一致するという保証はないようだ。

　M87の環境と、チャンドラX線望遠鏡にちょうど合う温度であるという事実から、天文学者は、他の銀河では見ることのできない、その衝撃波の最前線と、それに関係した速度等の詳細を突き止めることができた。M87は、あらゆることを計算できるという点で、非常に稀な天体であるようだ。M87は、銀河団の中心にある巨大銀河であり、その銀河団の核には入らない、巨大活動銀河であるという両方において、特異な存在である。今までのところ、X線研究は、銀河と銀河団の両方を合わせて、少なくとも50個について、バブルと空洞を発見してきた。

　大きな突破口は、チャンドラX線望遠鏡が、広域に亘って、数多くの銀河と銀河団の中で、同じことが起こっていることを示し始めたときであった。M84やNGC 5813のような、M87より小さい数十個の銀河、そして、ペルセウス座銀河団や海蛇座銀河団を含む乙女座銀河団より大きな銀河団内で、その巨大質量ブラックホールが、自己制御を行っているようである。各々は、エネルギーの適量を供給して、すべてを比較的安定した状態に保っている。巨大質量ブラックホールは、途方もない大混乱を与える可能性をもっているが、一方で、このような制御した、一見責任ある態度をとるということは、素晴らしい発見である。

　NASAが、1999年にチャンドラX線望遠鏡を打ち上げ、その観測所がX線天体を探査し始めて以来、多くの発見が続けざまにあった。そのとき、天文学者は、その高エネルギー領域に

第13章 巨大楕円銀河M87の内部

おいて、M87や他の銀河に関する多くのミステリーを解決してきた。もし、天文学者が、X線や電波望遠鏡をもたなくて、可視光だけに頼った観測だけを行っていたならば、これらの天体について、人類は何も知らない状態が続いていただろう。そして、我々は、ブラックホールとジェット、バブルと衝撃波についての全体に、たいへん興味深い物語を見逃していただろう。何故なら、このすごいドラマの中では、恒星は、ほとんどその役割をもっていないからである。

# 第14章　ピンホイール銀河の秘密

　大きな渦巻銀河 M101 について考察したい。その無数の詳細の中に飛び込むと、以前に見たこともないようなものに出会える。

　ピンホイール銀河と聞いたとき、おそらく三角座の M33 を考えるだろう。しかし同じニックネームをもつ大熊座のもう 1 つの銀河 M101（NGC 5457）がある。これを M33 と区別するために、幾人かの人は、北のピンホイール銀河と称する。春の夜、北半球の深淵の宇宙愛好家には、絶好の場所に M101 が来る。

　この銀河を見ると、同じニックネームを持ったこの 2 つの銀河には、多くの共通点があることがわかる。両方ともハッブルタイプ Sc 銀河で、小さい中央のハブと開いた渦巻きの腕を持っている。そして、両方とも我々の視野に対して、ほとんどフェイスオンである。さらに両方とも、夜空では少し大きく見える。M33 は、見かけのサイズが 67′×42′ で、満月の 3.7 倍の地域をカバーしている。一方、M101 は、見かけのサイズが 30′×27′ で、これは満月の大きさと同じである。深淵宇宙観測者に対して最も不幸な同様性は、両方の銀河は、接眼レンズの中では、ぼんやり見えることである。M33 は、5.7 等星にリストされ、M101 は、遥かに低い 7.8 等星であるが、それらの大きな表面地域の上に、銀河の光が広がっているので、それが、実際に、光度を低くしている。実際、初心者の観測者は、それら

152

第14章　ピンホイール銀河の秘密

を見ることなく、これらの銀河を容易に見過ごしてしまう。何故なら、それらは予想以上に大きくて光度が低いからだ。

　多分、最も注目に値するピンホイール銀河の同様性は、それらは、別の銀河内の深淵宇宙天体を観測する、稀な機会を提供することである。我々は、自然に単独銀河として、どの銀河も考えがちだが、ピンホイール銀河はそうではない。M33は、それ自体がメシエ番号をもつ、4個の十分に光輝な星雲を含んでいる。そしてM101は、それ自体がメシエ番号をもつ、11個の十分に光輝な星雲を含んでいる。これは、どの銀河よりも多い。

　M101の記録的な数のNGC天体に対する最も可能性の高い理由は、M101が、そのグループの中で矮銀河と潮汐力相互作用を経験したことであると天文学者は考えている。その矮銀河NGC 5477は、その筆頭候補者である。このような矮銀河と、古典的渦巻銀河との間の、接近した相互作用のコンピュータシミュレーションは、間違いなく、中心でないところに核を持ち、遠く離れた渦巻きの腕を持ったM101に正確に近い形状を生成する。

　これらの潮汐力相互作用は、M101内の無数の分子雲を崩壊させて、そこを大質量で高温な青色O型星とB型星を形成する、活動的な恒星形成領域にした。それらの青色巨星は、強烈な紫外線照射をする。その照射が、水素ガスを分子雲内でイオン化し、それらをHI地域として知られている光輝な赤色の発光星雲に変えている。この興味深いニュースは、これらの星雲の多くが、大きくて、十分に光輝なので、アマチュアの望遠鏡

でも十分に見ることができることだ。

　しかし、M101内のNGC天体は、容易な観測対象ではない。それらを観測するには、十分な口径の望遠鏡、暗い夜空、忍耐力、そして詳細な星図が要求される。しかし、それらを発見することに努力する甲斐はある。ミルキーウェイ銀河内の、光度の低いNGC天体を観測することは、価値あることである。2,100万光年彼方の銀河内に、それらを見つけることは、素晴らしい経験になる。

　準備を整えることで、成功のチャンスが増える。外に出る前に、星図をよく学んで、前面にある星とM101の構造に慣れることをイメージする。M101の構造には、その渦巻きの腕と、その中でのNGC天体の位置関係が含まれる。暗い夜空の下で、望遠鏡を設置した後、目を十分に暗いところに適応させるとともに、星図を見るために、暗い赤色懐中電灯を使うことで、目を夜の視覚から守ることが必要だ。

　ローパワー広角接眼レンズでスタートし、北のピンホイール銀河の一般的なレイアウトに自分自身を慣れさせる。ターゲット天体の特別な位置を確認しても、それが見えないとき、ハイパワー接眼レンズでズームインしてほしい。ハイパワー接眼レンズは、背景を暗くしてコントラストを強めるので、周囲を取り巻く渦巻きの腕の輝きから、これらのNGC天体の1つを切り離すために必要である。斜視を使うことで、その天体のいくつかを確認することができる。斜視とは、集中する地域のちょっと横を見ることである。また、星雲フィルターが助けになる。

第14章　ピンホイール銀河の秘密

# 大きな画像

　ローパワー広角接眼レンズで見ると、M101はそれ自体が大きな、ちょっと光輝な丸い核を持った、ぼんやりと輝く円形の地域として見える。その中心は、小さい星のない核によって強調されている。辛抱強く詳細を見ると、中心の核から、外部にカーブするように延びる、複数の渦巻きの腕が見えるだろう。東部、西部、そして遥か西方の３つの渦巻きの腕を見ることができる。それらは、核に対する位置関係を基準にしている。熟練の宇宙の深淵観測者でも、それを見つけて、M101のぼんやりした渦巻きの腕のパターンを見るのは、骨の折れることである。

　東部の渦巻きの腕は、核の南西サイドから出ていて、真南に延びている。それが、核の周りにフックして、北東を指す長い突起の中で、次第に小さくなり、核の東の狭い端で終わっている。遥か西方の渦巻きの腕は、核の東サイドで始まり、北の方向にまっすぐ向かっている。それが、北西に鋭い角度で曲がったとき、光度が低くなり、広く南西にカーブしたとき、ほとんど見えなくなるか、あるいは小さい望遠鏡では消えてしまう。それは、正三角形を作る３個の前面の星のグループの、東サイドを通過したとき、再び光輝になる。その渦巻きの腕は、明るい南方向を指す槍の穂先形に薄れていくことによって、核の南西で終わる。

　西部渦巻きの腕は、核の北サイドにある前面の星付近で始まり、もう１つの前面の星に向かって西に延びている。この前面

の星が、ターニングポイントで、そこで突然南に向きを変え、扇型状に消えていく。広い黒いレーンが遥か西方の渦巻きの腕の最終点から、それを切り離して、狭い黒いレーンが、東部渦巻きの腕からそれを切り離している。


## その星雲の巨大さ

M101の容易に見える星雲から始めよう。それは、実際には見える銀河の外側にある。ちょうど東部渦巻きの腕の端を過ぎて、M101の東に5個の星のV字型アステリズムがある。それは、北に向かった頂点を持っている。注意深い観測をすると、そのV字型の東サイドの中央の星は、実は星ではないことに気づく。まるで、そのように描かれたM101のスケッチを多く見るけれど。それは、光輝な中心を持った円形のぼんやりした地域である。それが巨大星雲 NGC 5471 である。

NGC 5471 は、大質量の HII 地域で、活動的に高温で青色巨星を形成している。それが、画像の中でその地域が、強烈なブルーである理由をよく説明している。ハッブル宇宙望遠鏡画像と恒星光度測定から、それはオリオン星雲の約200倍のサイズで、少なくとも1億年間、大質量星を形成してきたことがわかった。このような恒星は、進化が速く、200万年から300万年以内という寿命で、タイプII超新星爆発で若死にする。地球軌道上にあるチャンドラX線望遠鏡による観測では、NGC 5471内の3箇所の光輝なX線源は、超新星爆発残骸であることを示している。NGC 5471 は、6インチ（15.24cm）望遠鏡

で見ることができる。


## 東部渦巻きの腕内の星雲

　NGC 5471から細くなった、東部渦巻きの腕の端まで西方に見ていこう。その端の近くに、北東から南西に延びた細長い、さらに明るい地域を見つけられるだろう。これがNGC 5462である。これはウィリアム・ハーシェルが最初に記録した。天体写真では、多くの高温青色巨星が、水素アルファ星雲の中に混じっているのが見える。1951年9月、タイプII超新星爆発SN 1951Hが、NGC 5462の目に見えるものの中心付近に現れた。その超新星爆発は、17.5等星に達した。NGC 5462は8インチ（20.32 cm）望遠鏡で見える。

　東部渦巻きの腕に沿ってさらに内部に進むと、その核の南東に位置するもう1つの光輝な地域にくる。これが、HII地域NGC 5461である。それは、NGC 5471の光度の低いバージョンのように、光度の低いぼんやりした星のように見える。それもまた、8インチ（20.32 cm）望遠鏡で見られる。少なくとも10インチ（25.4 cm）の望遠鏡を持っているならば、その東部渦巻きの腕の内部に入って、核に結合するところまでいくと、そこに、小さくて光度は低いが、輝く光の小片がある。これがNGC 5458である。天体写真は、この星雲が多くの青色巨星を含んでいることを示している。

# 西部渦巻きの腕

　少なくとも12インチ（30.48 cm）の望遠鏡を持っているならば、西部渦巻きの腕が、突然南に向きを変えるところから外部に見ていってほしい。その銀河核の約3.3′南西である。そこに、狭い黒いレーンの端に抱きついた、小さい光輝な地域が見られる。これがNGC 5453である。引き続き西部渦巻きの腕を南に辿ると、その地域の枠組みのような星の三角形に出会う。その地域は、外側に動いて消える。再度、前面の星として、この三角形の全ての3つの点を描く、1つのスケッチ以上のものが見える。しかし、その一番南の点は星ではない。注意深く観測すると、それはソフトな端を持っている。これがNGC 5455である。このHII地域は、1970年にタイプII超新星爆発が現れたところである。それは、11.5等星まで達した。この超新星爆発残骸は、光輝なコンパクトX線源として、チャンドラX線望遠鏡で観測された。NGC 5453より光輝で、NGC 5455は、8インチ（20.32 cm）望遠鏡で見ることができる。

　タイプII超新星爆発は、単一の大質量星爆発で、銀河のHII地域に非常に強く繋がりがある。そこは、このような恒星が誕生するところだ。対照的に、タイプ1a超新星爆発は、二重星系において白色矮星が、重力的に伴星から十分なガスを吸い取って、ある段階に達したとき爆発するもので、HII地域には、必ずしも関係しない。2011年8月24日、タイプ1a超新星爆発 SN 2011fe が、M101の渦巻きの腕内に現れ、アマチュアの望遠鏡でも見ることができた。なお、この超新星爆発は、

第14章　ピンホイール銀河の秘密

Palomar transient Factory（パロマー・トランジエント・ファクトリー）によって探知されたので、当初 PTF11kly という認識番号が与えられた。我々は、SN 2011fe を M101 西部渦巻きの腕内の光輝な青色星として見ることができる。

　このタイプ1a 超新星爆発は、たくさんある HII 地域の１つではなく、この渦巻きの腕の光度の低い地域に現れた。タイプ1a 超新星爆発は、白色矮星が太陽質量の1.4倍の質量になったとき爆発する。だから、光度においては、いつも同じである。したがって、それらは、宇宙における距離計算の標準燭光とし役立っている。SN 2011fe は、M101 までの推定距離をさらに精巧なものにする手助けになった。

## 遥か西方の渦巻きの腕

　遥か西方の渦巻きの腕内には、もう少し観測に値する天体がある。核から外部にその渦巻きの腕を辿ると、その先端の光輝な南方を指す槍の先形状のものに行き着く。前方にある14等星の星が、その北西の端を示している。この光輝な形状のものは、２つの隣接した星雲の結合した光でできている。その星雲は、南方の半分が NGC 5450 で、北半分が NGC 5447 である。さらに大きな口径の望遠鏡で見ると、それらの間に狭い黒い隙間を見ることができる。

　大きな望遠鏡を持っていれば、M101 の２つの最も困難なターゲットに挑戦できる。遥か西方の渦巻きの腕において、右の三角形内の南の星と、その銀河核の間のラインのちょうど南

の点が見える。少し光輝なものが、そこに見えれば、それは
NGC 5449だ。次に、先ほどの右の三角形内の南の星と、西方
渦巻きの腕が、突然南に向きを変えているターニングポイント
の間のラインに沿った線上の3分の2の点を見ると、そこにあ
る、ちっぽけな光輝な場所であるNGC 5451が観測できる。し
かし、ミルキーウェイ銀河内の、光度の低い二重星と間違う可
能性があるので、注意してもらいたい。

## チャレンジのスリル

　M101内には、このように観測困難なNGC天体を追跡する
スリルを楽しめる天体がある。辛抱強く観測することで、遠方
の銀河内の星雲を見つけるスリルを味わえて、大きく報われる
だろう。

# 第15章　幽霊銀河

　天文学者は、ミルキーウェイ銀河の輝きを越えて、かすかに光る銀河のある隠れた地域を見ようとした。

　1969年の冬のある夜、アリゾナ州キットピークの頂上にある天文台で、マイケル・ディズニーが面白いことを考えた。彼が、巨大で非常に光輝な銀河を凝視したとき、次のようなことに好奇心をもった。もし、その銀河内にいるエイリアン天文学者が、同じようにちょうどこちらを見つめていたらどうだろうか。そのエイリアン天文学者の望遠鏡の口径内に、その知的地球外生命体が、ディズニーの非常に小さい、かすかに見えるだけのミルキーウェイ銀河を、同様に見つめているかもしれない。

　そのとき、別の思考がその奇抜なものを消滅させた。その若いウェールズ人の天文学者は、エイリアンは、ミルキーウェイ銀河を見るチャンスはないことに気づいた。それは、ミルキーウェイ銀河もまた、かすかに見えるたくさんの銀河の1つであるからだった。そのエイリアンの住む銀河の中に詰め込まれた全ての星の輝きによって圧倒され、そのエイリアンは、知らないうちに大部分の宇宙に対して盲目にされているだろう。

　ディズニーは、我々も、周りからの逃げられないいっぱいの輝きで、同様に惑わされているかもしれないと思った。「地球から探知できる銀河より、ほんの少し輝きの少ない隠れた銀河

の全体の宇宙が、その上にある可能性があるということが、私の頭に浮かんだ」とウェールズのカーディフ大学名誉教授であるディズニーは言う。

半世紀近く前、砂漠でのその発想以来、現在80歳のディズニーは、陰になった銀河の地域を探査してきた。彼の直感は、1980年代と1990年代に勢いを得た。しかし、世紀が変わってその手がかりは貧弱になっていった。落胆し挫折して、ディズニーはその探査を諦めた。

しかし、最近、思わぬ探査による発見と新しい科学技術の発展で、隠れた宇宙の概念が生き返った。「宇宙の大部分は、未発見である可能性が強い」とグレッグ・ボーサンは言う。ボーサンは、オレゴン大学の天体物理学者で、かすかに見える銀河を長い間研究してきた。光度の低い銀河の出現する個体数は、数え切れないほどある可能性が高く、典型的な光輝な銀河からは著しく異なっている。典型的な光輝な銀河は、我々に親しみがあるもので、かすかな銀河は銀河形成と進化の伝統的な理論に挑戦しているかもしれない。光度の低い銀河は、また、宇宙における見えない物質についての、古いミステリーを解くかもしれない。

これらの見通しによって、隠れた銀河は、宇宙の典型的なものである。我々のギラギラ光るミルキーウェイ銀河やその同類とは異なっている。長く見渡していると、かすかな銀河の地域は、最終的に正当な研究対象になるかもしれない。

第15章 幽霊銀河

## 光によって盲目にされる

　宇宙は、光輝な銀河でいっぱいである。我々は、非常に近いところにある星とガスと塵のこのような巨大な集塊を、地球から我々の目で見ることができる。なお、このガスは、大部分が水素である。望遠鏡を使った探査によると、小さい光度の低い矮天体の種々のものはあるけれど、2兆個のそのような集塊が、そこにあることがわかる。まとめると、これらの銀河の境界は、ミルキーウェイ銀河のような大きな渦巻銀河、はるかに大きなフットボール型の楕円銀河、そして、それらの掃いて捨てるほどある矮銀河のような、紋切り型のサイズである。それらは、典型的なライフサイクルをもつ。それらが若いときは、多くの恒星をつくり、歳をとるとそのスピードが遅くなる。

　銀河と幅広い宇宙について、我々が学ぶ全てに対して、天文学者は、夜空の観測者として、人間の限界に苦しんでいる。我々の機器は、その明るさが夜空の輝きと、十分なコントラストをもつ天体だけを容易に感知できる。確かに、夜は暗い。それは、日中よりも約5,000万倍暗い。しかし、それは依然として相対的に暗いだけだ。「我々は、太陽と呼ばれる、とてつもなく光輝な星のちょうど隣に生きている。それがいつも、我々が隠れた宇宙を発見することを難しくしている」とディズニーは言う。

　太陽の明るさは、大きく分けて2つのことによって、天文学的視界に影響している。夜は、昼間吸収した熱を分子が放射するとき、大気光が大気中に残る。大気光を避けるために、我々

は、ハッブル宇宙望遠鏡のように、軌道上へ機器を送り込むことができる。このハッブル宇宙望遠鏡は、ディズニーが設計した。しかし、この望遠鏡も、依然として、2番目の太陽による衝撃である、黄道光として知られている、その周りの氷と塵粒子の光輝なイルミネーションを横目で見なければならない。これに加えて、ミルキーウェイ銀河内のすべての他の星による巨大な量の光がある。それで、我々は眩しさを感じる。この自然の光公害は、可視光を超えた全電磁スペクトルまで広がっている。

「我々は、確かに光る独房に閉じ込められている。夜は、電気のついた部屋の中央にいて、窓から外を見ているようだ」とディズニーは言う。あなたの部屋の明かりは、光輝でないものをすべて消す。1976年、アリゾナでの経験の7年後、ディズニーは、銀河のカタログは、真の銀河個体数の、多分、ほんの部分集合であるという論文を『ネイチャー』に投稿した。巨大な数の光度の低い、そして実際には、非常に大きい銀河は、発見されるのを待っているようだと彼は提案した。けれども、それを支持するデータがほとんどないので、その予言はほとんど影響を与えなかった。

　それが10年後に変わった。それは、天文学者が、過去に見たものではないような銀河に気づいたときだった。


## 巨大な銀河の幽霊

銀河で満ち溢れている近隣の地域である乙女座銀河団の、古

い写真乾板上の光度の低い、ぼんやりかすんで見えるものに刺激されて、ボーサンとその研究者グループは、その出現は、低い表面光度をもった、やや小さい銀河かもしれないと考えた。「低い表面光度」は、典型的な銀河よりも、ユニットごとの地域が、さらに光度の低い光を放射していることの天文学的表現である。

　銀河的な水素雲を探知するために、1986年、プエルトリコのアレシボ電波望遠鏡を使って、ボーサンとその研究者グループは、数十億光年彼方にある巨大な革新的銀河を発見した。マリン1という名前がつけられて、それ以来、それは詳しく研究されてきた。そして、それは、最も大きく有名な渦巻銀河になっている。それは、ミルキーウェイ銀河の7倍の幅と50倍の質量をもっている。けれども奇妙なことに、その銀河的な大きさは、そのか細い渦巻きの腕によって非常に光度を低くされている。その渦巻きの腕は、普通の渦巻銀河より10倍幅広く引き離されている。

「その天体の存在を理解するのは不可能である。我々の全てのモデルは、マリン1に近い天体を形成できない」とボーサンは言う。その表面光度の低い巨大銀河は、誰もが予想する以上に、宇宙の銀河としてたくさんあるかもしれないことを証明した。

## 発見と喪失

マリン1の発見によって活気付けられて、天文学者は、気づ

かなかった低い表面光度をもった銀河のヒントによって、過去数十年間の写真乾板を詳細に調べた。実際、彼らは依然として今もそれを行っている。何故なら、非常に多くの写真乾板があるからだ。マリン 1 ほど大きくはないが、1990 年代全体で、数千以上が急に現れた。

　その探査をさらに促進させているのは CCD である。それは、遥かに光感度の良い画像テクノロジーで、1980 年代に出現して、今日の天文学では主流である。「表面光度の低い銀河の発見は、スリルのあることだ。外を見て、知らないものを探すのは、いつも楽しいことである」とカレン・オニールは言う。オニールは、その時、ボーサンの学生で、現在、ウエストバージニアのグリーンバンク天文台長である。

　数億の知られた光輝な銀河の次に来ることで、興味をそそることではあるけれど、これらの数百の表面光度の低い銀河は、天文学的に言うと、依然として、ごく少数であるという意味ではない。今まで、その幽霊のような宇宙は、ちょうど幽霊の適所にあった。

　しかし皮肉なことに、その分野のドアを閉めて終わらせたのは、ディズニー自身であった。彼は、1997 年、オーストラリアのパークス天文台の電波ディッシュで、パワフルな受信機を設置する手助けをした。それは、多くのマリン 1 のような銀河を見つけ出し、最終的に、表面光度の低い宇宙の真実を暴く目的だった。数年間に収集されたデータの中で、4,000 以上の水素ガスの集中が出て来た。それは、低い表面光度をもった銀河の可能性の高い候補だった。

166

しかし、2005年までに、これらの光源を光学望遠鏡で追跡観測した結果、それらは、ほとんど普通の銀河の中の水素雲であるという結論に達した。「誰にも、隠れた銀河には見えなかった」とディズニーは言う。その発見は壊滅的な結果であった。マリン1とその同類は、単なる奇妙な変種で、大きな幽霊宇宙の一部ではないという疑いを超えた証明のように見えた。「それらは、研究主題を消してしまった。そして、私自身も諦めた」とディズニーは言う。


## そして再度発見

しかし、その研究主題は、彼の中では諦めていなかった。何故ならば、他の夜空観測者は、ディズニーは何かに夢中になっていると考えたからだ。

2009年のコーカサス地域の学会で、ディズニーは、ウクライナ人天文学者ヴァレンティナ・カラチェンセヴァに会った。カラチェンセヴァは、パークス天文台で収集したそれらの数千の水素雲の幾つかは、実際には、銀河であると提案した。彼女の研究経歴において、その鋭い観察力だけで、カラチェンセヴァは、写真乾板の上に無数の光度の低い銀河を確認している。彼女はディズニーに、パークス天文台探査が、近隣の光輝な銀河の、単に伸びた部分として断定されたガス雲を発見したちょうどそこに、独立型の銀河のような天体を見つけたと言った。

仰天して、ディズニーはウェールズへ戻り、新しいことに挑

戦した。彼は、ちょうどその宇宙の銀河が、どのように集団になったかを確認する計算を入念に調べた。銀河は、基本的に社会的な生き物で、お互いの上に実際に積み重なり、銀河団の間に、巨大な荒涼のボイドを残す。彼には見えない銀河は、最も近くに輝く近隣の銀河に属することに失敗して、分離したガス雲とともに、これらの積み重なった銀河の群れの中に隠れていられるのか。

　ディズニーは、パークス天文台での観測が、詳細の緻密さである解像度に欠けていて、光輝な銀河としっかりと一団になった表面光度の低い銀河を発見できなかったことに気づいた。彼は、研究仲間とエラーの可能性のある天文学ジャーナルを納得させようとした。しかし、誰も受容的ではなかった。「私は、暗闇で叫ぶちょっとした人物だった」とディズニーは言う。

　彼は、最終的に事態を収拾させる方法を見つけた。2015年初頭、ディズニーは、ニューメキシコにあるアップグレードされた極めて高感度の電波ディッシュの Karl G. Jansky Very Large Array（VLA：カール G. ジャンスキー巨大望遠鏡群）の観測時間を与えられた。彼は、パークス天文台での観測において4,000個の候補から19個の水素雲サンプルを再度スキャンした。その水素雲の14個は、新しいデータの中に、目に見えた対応する銀河はないことがわかった。

「ビンゴ」とディズニーは言う。直ちに、そのガス雲電波源は、近隣の光学的に光輝な銀河と塊になっていないことが明らかになった。

第15章 幽霊銀河

## 単調な視野の中に隠れて

ディズニーは、これらの人目につかない天体が、どのようであるかを知らなかった。それで、彼は直ちに、現在行っている新しい観測で追跡したいと思った。2016年終盤、カナリー諸島のウィリアム・ハーシェル望遠鏡を使って、12個の新発見の、見逃すことができない表面光度の低い銀河のヒントを探った。

これらの天体は、増加的に新しい研究仲間を増やすだろう。2015年の研究で、イエール大学のピーター・ヴァン・ドッカムとその研究者グループが、今までに見たことのない、ミルキーウェイ銀河サイズであるものの極めて分散していて、非常に表面光度の低い47個の銀河を、天文学では最も研究された中に入る髪の毛座銀河団の中に発見したと発表した。「これはとてつもない驚きだった」とヴァン・ドッカムは言う。

これらの表面光度の低い天体を探査したのは、ある巨大な新しい望遠鏡ではなかった。天文学界がいつも騒ぎ立てる、かつて大きかった望遠鏡は、実際に、表面光度の低い天体を調査するには良くない。これらの望遠鏡は、ふつうミラーを使っている。ミラーは、さらに多くの無秩序な希望しない光を集め、かすかに輝いているどのような天体も埋めてしまう。その代わりヴァン・ドッカムは、8個の400 mm レンズを昆虫の複眼を模した新しい工夫で集めることによって、彼の銀河を発見した。実際、そのプロジェクトの名前「Dragonfly（トンボ）」は、ヴァン・ドッカムの趣味である昆虫の写真を撮ることから

169

来ている。

　トンボの複数のレンズは、曲がりくねった光に対して、お互いをチェックするように機能する。それらの内部の表面は、反射しない塗装がなされている。そのレンズはCCDに接続されている。そのCCDは最終的に、宇宙において最もかすかな銀河を識別するのに十分なくらい良くなるとヴァン・ドッカムは言う。「今でも、我々は、ただ表面を引っ掻いているだけだ」と彼は言う。

　普通のミラーをもった望遠鏡も依然として役に立つ。ヴァン・ドッカムの発見によって鼓舞されて、ストーニー・ブルック大学のジン・コーダとその研究者グループは、ハワイにある8.2mすばる望遠鏡で、最近の髪の毛座銀河団観測を調べ直した。彼らは、ミルキーウェイ銀河サイズまで延びている300個以上とともに、854個の超分散銀河を発見した。この多さは、気づかれていなかった。何故なら、天文学者は、以前は髪の毛座の中の銀河の光輝な形跡は、小さくて重要でない天体、そして、さもなければ非常に光度の低い天体の最も良く見える中心部分でないものを想定していたからだ。表面光度の低い天体は、銀河の氷山の一角である。


## 暗闇の中で捕まえろ

　髪の毛座の中で、新しく発見された表面光度の低い銀河は、奇妙な生き物である。そして、彼らは、1980年代終盤に、最初に発見された銀河の幾つかに戻った。古い赤色星に満ちた、

第15章　幽霊銀河

ほとんど全体的にガスが無く、丸くて薄く、それらは、目に見える銀河の密度の高い環境で、明らかに長い間生き延びてきた。それらの比較的ガスが多く、質量の大きい目立つ銀河とその環境は、目立たない銀河を重力で引き裂くまで、今までに引っ張り込むはずだった。何故そうしなかったかはミステリーである。

　天文学者は、また、そもそも宇宙が、この種の天体をどのようにして形成したかについて、はっきりとは理解していない。「だから、この分野は今のところ魅力的である。我々は、実際に、これらの銀河が、何であるかを知らない」とコーダは言う。それらは、形成を失敗した銀河の個体を意味しているのかもしれない。広大ではあるけれど、これらの出来損ないの銀河は、不十分な量の普通の物質で、あるいは、どうもそれを失って、新しい星の形成を抑圧して形成を始めたようだ。

　そうだとすると、髪の毛座銀河団の分散した銀河の個体数は、マリン1のような銀河とは正反対かもしれない。低い表面光度銀河の後者のクラスに入るものは、不思議に青っぽい。それは、青色をした新しく生まれた恒星の存在のお陰である。これらの銀河は、宇宙で遅咲きである可能性が高い。ミルキーウェイ銀河や他の銀河が、恒星形成のピークの期間を経験した数十億年後のちょうど今、多くの恒星を形成する、ゆっくりと進化する、一種の銀河である可能性がある。髪の毛座の中の、あるいは遅れて発達したマリン1のように、発育遅延で、宇宙の表面光度の低い銀河は、伝統的な理論に整合していない。

　表面光度の低い銀河は、大規模宇宙構造とダークマターとの

171

関係について、幾らかの再試行を強いるようである。1930年代に最初に理論化されたダークマターは、光を発しないで重力だけによって、その存在を明らかにする。ダークマターの真の姿は、ミステリーとして残っている。しかし、天文学者は、ダークマターは、5：1の割合で普通の物質を凌駕し、銀河を一緒に保つ重力的な接着剤として働いていると言う。最近の研究によると、髪の毛座の中の、それらの奇妙で頑丈なもののような、表面光度の低い銀河は、全体的にほとんどダークマターでつくられているようだ。天文学者は、銀河は、普通の物質に対する苗床として働いた、宇宙におけるダークマターの集積として始まったと推測している。

　その宇宙が膨張したとき、ダークマターの種は、ダークマターの薄いフィラメントと、密度の高いところの銀河団が結合して、宇宙のウェブの中に広がって行った。我々が、宇宙の中に一番光輝な銀河だけを見ているならば、どのように物質とダークマターが、実際に分布しているかについての完全な画像を捉えることができない。「低い表面光度銀河は、宇宙ウェブの塊状が、どのように見えるかを理解する鍵の1つである。それらは、宇宙が、実際にどのように進化して、現在のようになったかを、我々が理解する手助けになるだろう」とオニールは言う。

　最終的に、宇宙の物質の内容量の、さらに妥当な評価を許すならば、表面光度の低い銀河は、長い間懸案であった「失われたバリオン問題」を解く手助けになる可能性がある。ほとんどの宇宙論学者が、バリオンと呼ばれる物質から成る普通の物質

は、宇宙の総質量エネルギー内容量の、約5％であることは疑っていないが、我々が知り観測できる物質は、依然として我々が予期するものの約半分である。「非常に多い失われた物質があるようだ。そして、それは隠れた銀河の中にある可能性がある」とディズニーは言う。

## 暗中をスキャンするもの

　天文学者は、ある意味では、その暗闇を見ている。2016年7月、1つの科学者チームが、やたらと大きい低い表面光度の渦巻銀河を発見したと報告した。それは、マリン1に匹敵するものの最初の発見だった。その間、ヴァン・ドッカムは、Dragonfly Telephoto Array（ドラゴンフライ・テレフォト・アレー：トンボ複眼望遠写真望遠鏡群）を拡張して、さらに見つけにくい銀河を発見した。ストーニー・ブルック大学のコーダは楽観的である。「低い表面光度の宇宙の中に、多くの発見があるようだ。何故なら、多くの人々が、現在、それを見ていて、何があるかを見つけるために、新しいテクニックを開発しようとしているからだ」と彼は言う。

　ディズニーは、個人的に、ニューメキシコにあるアップグレードされた Very Large Array（VLA）を使う大きな観測から、最終的に見えない銀河の、真の個体数を把握できるようになるだろうと考えている。髪の毛座銀河団の中の、水素だけが少ないそれらのように、幾つかの暗い銀河は、その銀河団に入るのはさらに難しいようだ。ボーサンは、人類のテクノロジーは、

173

最も暗い銀河を探知できることに懐疑的であるが、彼は自信を持って、そのような銀河は存在すると言っている。「低い表面光度銀河の論理的な拡張が、暗い銀河である。それらが存在しないと考える理由はない」と彼は言う。

　20世紀終盤の失敗した電波観測を顧みると、ディズニーは、失われた時間を取り戻し、幻のような宇宙の、はっきりしない銀河を探査し続けることを熱望している。「私は、誰よりも、そのことをさらに悪くする人だった。私は、自分の人生の40年をこの研究に費やしてきた。そして、何かの方法で、その答えを知りたい」とディズニーは言う。

　ディズニーは、我々地球人がある日、非常に幸運にも、太陽光や星の光の中に我々がいるように、光の洪水に溢れた宇宙を凝視できることは真の贈り物であると考えている。「このような眩しい光の中で、我々が天文学をすることができるのが不思議だ」とディズニーは言う。

# 第16章　幽霊銀河の発見

　２つの幽霊のように見える銀河の発見が、天文学界に喧々囂々の論争を巻き起こした。しかし、実際に起こっていることに対して、まだ、何もわかっていない。

　地球から約6,000万光年の距離にある２個の奇妙な銀河が、宇宙論学者を悩ませている。なお、この距離は、ある研究者の推定である。これらの島宇宙は、普通見る銀河よりはるかに恒星数が少ない。しかし、それは天文学者を驚かせる恒星数の欠乏ではない。NGC 1052-DF2とNGC 1052-DF4と名付けられた奇妙な銀河は、また、相当量のダークマターの欠乏もあるようだ。

　その２個の銀河は、ダークマターを持たない最初に知られた銀河のようなので、2018年のDF2の発見ニュースは、天文学界全体に素早く広がった。なお、ダークマターは、宇宙における物質の約85％を占める。これが確認されると、ダークマターを持たないこのような銀河は、銀河がどのように形成され、どのように進化するかということに対する我々の理解に問題を投げかける。

　全ての銀河がダークマターを持ち、ダークマターが、銀河を始める方法であるとイエール大学天体物理学者ピーター・ヴァン・ドッカムは考えている。彼は、DF2についての論文のファーストオーサーで、記者会見で、次のように述べた。「こ

175

の見えない謎の物質は、どの銀河でも、最も多く存在するという見解がある。だから、ダークマターのない銀河の発見は、予想外だ。それは、我々が考える銀河の機能の仕方の標準モデルに反している。そして、ダークマターが、実際にあることを示している。それは、銀河の他の構成要素から切り離された存在である」と。

しかし、カール・セーガンがよく言ったように、意外な主張は意外な証拠を必要とする。そして、幾人かの研究者によると、これらダークマター欠乏銀河に対する証拠は、妨げにはならない。


## DF2とは何か？

推定上、ダークマターに欠ける最初に知られた銀河であるDF2は、超分散銀河と呼ばれる銀河のユニークなクラスの一員である。超分散銀河は、ミルキーウェイ銀河くらい大きく成長できるけれど、これらの煙霧のような亡霊は、数百から数千倍少ない恒星を含んでいる。そして、それらは、基本的に透明であるので、天文学者が詳細まで観測することは極めて困難である。

比較的迫力のないDF2が、最初に研究者の前に出現した。それは、彼らがDragonfly Telephoto Array（ドラゴンフライ・テレフォト・アレー：トンボ複眼望遠写真望遠鏡群）を使って、それを確認したときだった。このロボットの集合のようなキヤノン400mm望遠写真用レンズは、結合して奇抜な望遠鏡に

第16章　幽霊銀河の発見

なっている。これは、画像上で広がった極めて光度の低い構造に特に最適である。その研究者が、ドラゴンフライ・テレフォト・アレーでDF2を観測したとき、彼らは、その銀河がSloan Digital Sky Survey（SDSS：スローンディジタル全天探査）で撮られた画像とは違って見えることに気づいた。ドラゴンフライ・テレフォト・アレーによる画像では、DF2はぼんやりした、分散した光の斑点のように見えるが、SDSSでは、それは、点のような光源のグループとして現れた。

　この矛盾を探究するために、天文学者チームは、ハッブル宇宙望遠鏡の高性能探査カメラを使って、DF2を観測し続けた。さらに、ケック望遠鏡で追跡分光器観測を行った。

　彼らは、ハッブル宇宙望遠鏡による画像をただ凝視するのに1時間かけた。ハッブル宇宙望遠鏡の画像を長い年月見てきた後、非常に稀有で、こんな画像は以前に見たことがないと感じた。それは、見通すことができる巨大な斑点だった。非常にまばらであるので、その背後にある銀河を全て見ることができた。まさにシースルー銀河だった。

　ハッブル宇宙望遠鏡のデータを使って、彼らは、その銀河の表面光度の揺らぎを計測した。それは、さらに遠方の銀河が、光度においてさらに一様であるという事実をもとにした、初歩の距離表示器である。このことから、研究者は、DF2は約6,500万光年の距離にあると計算した。

　そこで、ケック望遠鏡のデータをもとにして、彼らは、DF2の内部にある球状星団を確認できた。球状星団は、大きな古い星の球状グループである。驚いたことに、彼らは、その球状

177

星団が非常にゆっくりと動いていることを発見した。それは、ダークマターのぎっしり詰まった銀河で見られる動きと比べると、カタツムリが動いているように感じられた。DF2が、もっとダークマターを持っていたならば、その増加する重力的引きが、これらの球状星団が、現在動いている速さの約3倍以上で動くようになっていただろう。

DF2が、もし、ダークマターを持っていたとしても非常に少ないという現実が、研究者に警戒を強めさせた。何故ならば、普及する物質が欠けて発見された最初の銀河であるからだ。このタイプの銀河を予想する理論はまだない。この銀河についての全てのことは謎であるので、それは完全にミステリーである。このような銀河をどのようにして形成するのかは全く見当がつかないと彼らは言う。

しかし、DF2が、そのダークマターを失っているということには、確信を持っていないようだ。

ここまでの結果は、1つの科学者グループの研究成果を述べたものである。これから別の研究者グループが登場し、論戦が繰り返されるので、この科学者グループを、今後「Aグループ」と書くことにする。


# ＤF2までの距離についての議論

「非常に早い時期に天文学者の注意を引いたことは、その銀河は、ダークマターを持たないという異常さだけではなく、異常なまでに、光輝な球状集団を持っているという異常さもあると

第16章　幽霊銀河の発見

いう事実だった」とカナリー天文学研究所のイグナシオ・トゥルジローは言う。そこで、トゥルジローの天文学者グループ（今後、Bグループと呼ぶ）は、DF2の異常な性質を突き止めようとした。同時に2つの異常さがあるのは、実際、奇妙に見えると考えた。そこで、DF2は、Aグループが考えたのと同じ距離にあるかどうかを確かめようとした。

　DF2が、前記のように約6,500万光年の彼方にあるならば、それはダークマターを持たない銀河の最初の例の一番強い候補者であるだろう。しかし、DF2が、もっと近いところにあれば、その銀河の観測された性質は、多かれ少なかれ、普通にダークマターのぎっしり詰まった銀河から予測されるものに一致する。

　彼らの理論をテストするために、Bチームは、5つの異なった方法を使って、DF2までの距離を、それぞれ独立して決定することを始めた。その方法のそれぞれに、信頼度の度合いの変化があった。

　その方法の2つは、DF2球状星団の光度とサイズを解析することに依存している。長い距離を主張するAグループの意見によると、もしDF2が、当初考えられていたよりも距離が近いとすると、その銀河の球状星団は、もはや奇妙に大きくて光輝ではない。また、DF2の性質とDD044と呼ばれているさらに小さい銀河の性質と比較した。この銀河は、さらに信頼性のある方法による距離推定を持っている。そしてAチームが行ったのとは異なった方法で、DF2表面光度の揺らぎを使ってその距離を再計算した。

179

最終的に、Bチームは、DF2色−等級図で赤色巨星地域の一部を解析した。その解析では、銀河内の恒星の表面温度と光度を調べた。その最も大きい赤色巨星は、全て赤外線で見ると、全く同じ光度で輝いているので、それらが、どのくらい光輝であるかにインパクトを与えるただ1つの事実は、それらの距離である。だからその銀河に対して、赤色巨星地域の一部で、恒星がどのくらい光輝に見えるかを決定することによって、その銀河が、実際にどのくらい遠くにあるかを把握できる。

　そのデータの質が良ければ、これが銀河までの距離を測定する一番正確な方法である。全ての5つの測定方法をもとにして、Bチームは、DF2は約6,500万光年というより、4,200万光年の距離である可能性が強いと結論付けた。これは、当初考えられていたようにDF2は奇妙ではないことと、その代わり、平均的な普通の銀河で予測できるようなダークマターの量と、ほとんど同じ量を保持していることを意味する。

　しかし、Aチームは、この競合する距離決定には、納得していなかった。

　2018年8月、Aチームは、Bチームの議論に反駁するもう1つの論文を公表した。その中で彼らは、Bチームの5つの独立した計測方法は、少し紛らわしいと主張している。例えば、それら測定方法の3つは、著者がその銀河の性質は、それが、距離が近いならばそれほど奇妙ではないと議論する感覚において、循環論法であると批判している。さらに、距離が近いと主張するBチームは、その銀河の実際の赤色巨星地域の一部の、2倍近くの光度である、はっきりしない赤色巨星地域の推定距

離を、最も確信できる距離推定の基礎にしたと主張した。これ
がBチームに、実際の値のわずか約70%をDF2までの距離と
計算させたと主張した。

　彼らは、BチームのDF2までの短い距離は、赤色巨星地域
の一部データの混合のためであると考えて、それを示した後、
Aチームは、DF2までの距離計測を行い続けた。なおそのデー
タは、多重星は単一の光輝な赤色巨星として数えている。A
チームの結果は、約6,200万光年の距離で、それはDF2がごく
わずかの量のダークマターを持っていることを意味する。

# DF4についてはどうか？

　しかし、その論争はここで終わらなかった。

　この学問上の討論の後、Aチームは、２つ目の銀河である
DF4を発見した。これは、サイズ、表面光度、形状、場所、そ
して距離において、ほとんどDF2のクローンである。しかし、
最も重要なことは、DF4も同様にダークマターの明らかな欠乏
を示していることだった。

　ケック望遠鏡を使ってDF4の７個の球状星団と共に、分散
ガスの動きと速度を計測することによって、Aチームは、DF4
までの距離は、DF2までの距離に等しいという計算結果を得
た。それは6,500万光年プラスマイナス約900万光年というと
ころになる。

「NGC 1052-DF2は、他に類のない場合ではないが、このよう
な天体のクラスが存在すると結論づけた。このように大きくて

光度の低い、異常に光輝な球状星団を持ち、明らかにダークマターに欠ける銀河の起源については、現在のところ理解できていない」とAチームは、DF4の発見報告論文に書いた。

しかし、再び、Bチームが、DF4までの距離を彼ら独自に計算した。当時使用可能だったハッブル宇宙望遠鏡データをもとにして、彼らはDF4の赤色巨星地域の一部であると考えたものを確認した。これから彼らは、DF4は、約4,600万光年の距離にあると結論づけた。これは、そこの球状星団が、実際には奇妙なものではなく、ミルキーウェイ銀河や他の銀河で見られるものと同様であることを意味する。

「概して言えば、NGC 1052-DF2とNGC 1052-DF4の両方が、ダークマターを失っているという考え方は、確実性からは程遠い」とBチームは論駁する論文で主張した。

## ハッブル宇宙望遠鏡のもう1つの見方

2019年夏、Bチームが、DF4赤色巨星地域の一部を本当に確認したかどうかを見るために、Aグループは、ハッブル宇宙望遠鏡の鋭い眼を使って、DF4の新しい、さらに鮮明な画像を集めた。10月16日、彼らはもう1つの論文を出した。それは、『アストロフィジカルジャーナルレターズ』プレプリントサイトに投稿された。この新しい、多くの最も光度の低い恒星を拾い上げたハッブル宇宙望遠鏡データをもとにして、その論文は、近い距離にあるとするBグループが、再びDF4の最も光輝な赤色巨星を確認していないことを主張した。なお、最も光

第16章　幽霊銀河の発見

輝な赤色巨星までの距離は、DF4までの実際の距離に近い値をもたらせる。

「新しいデータでは、実際に曖昧なところはない。我々は、新しいデータは、実際に近い距離の主張を論駁していると考えている」とその研究論文著者は言う。

「私は、これは間違いないと考えている。そのDF4赤色巨星地域の一部は、議論の余地がない。それは、よく知られた恒星物理学によっていて、距離表示器が見せる値と同じである」とAグループは言う。

　しかし、その新しい研究成果を振り返った後、Bグループは、その研究の結論に、依然として半信半疑である。その時点で、DF4が我々の予測より遠いところにあるという結論に対して、大きな不信感を持った。最初に、この論文は、レフェリーにもジャーナルにも、まだアクセプトされていない。それはただ投稿されただけである。だから、レフェリーによる注意深い検証の後、その内容の今後の変化が予想できるとBグループは言う。

　また、Aグループが、彼らのDF4赤色巨星地域の一部の解析に含んだDF4の恒星を、どのように選択したかに問題がある。その選択が、またもう1つの論点だ。正当だと理由づけられていない状態で、Aグループが使った多くの選択があると考える。これら全ての選択は、そのデータが暗示するものよりも、距離が大きいことに都合が良いように選ばれたようであるとBグループは言う。

　1つのこのような選択は、彼らの解析に含まれるAグルー

プが使った恒星選択により鮮明に見えるものを使い、多くの恒星を無視したようだとBグループは説明している。さらに、Aグループは、色によってそれらの恒星を前もって選び、それが彼らの結果にどのように、あるいは、何故、インパクトを与えたかを説明していないと付け加えた。これらの選択の両方は、DF4が遠方にあることを引き出すようなインパクトを与えようとしたとBグループは言う。


## 次は何か？

　だから現在において、DF2とDF4がダークマターを持っているかそうでないかの答えは依然としてわからない。しかし、2019年11月25日付の『ネイチャーアストロノミー』に掲載された新しい研究は、同様にダークマターに大きく欠けるような19個の矮銀河の発見を報じている。だから、今後の研究に注目すべきである。

　しかし、ダークマターを持たないこれらの銀河は、実際に何が起ころうと、広い視野に立つと、これらは非常に興味を引く銀河で、我々の発見の全ての見地が、確かに疑問が多く、深く探究する必要があるとAグループは言う。

　だから、これらの最近の研究成果が、今後の詳細研究を掲げることになれば、ダークマターに欠ける銀河の発見が、我々が現在考えている銀河が、どのように形成され、進化するかという疑問に新しい解答を与えるだろう。

「その銀河は、銀河形成の別のチャンネルを示している。そし

第16章　幽霊銀河の発見

て、それらは、銀河とは何かを我々が理解できるかどうかの問題も提起している」とAグループは言う。ちょうど今、我々は、銀河はダークマターを持って始まり、そのダークマターが、重力的に大質量のガスと塵を引きつけて、恒星形成をスタートさせると考えている。

「問題は、我々が、恒星形成がダークマターのないところで、どのように進むかを全く知らないことである。現在言えることは、その銀河の初期段階で、非常に密度の高いガスがあったはずであるということだ。そうでないと、ダークマターを持たない銀河では、新しい恒星を形成できないから」とAグループは言う。

　しかし、最近のDF4までの距離測定が、実際、ダークマターを持たない銀河を発見する意味を追求し始めているのではないだろうか。

　それが我々の希望だ。我々は、我々の距離測定が正しいかどうかよりも、これらの銀河が意味するものを議論したい。それが、意外な主張は意外な証拠を必要とすることに皆で同意できることである。

# 第17章　何故、銀河は並ぶのか？

　宇宙にある物質は、巨大な宇宙のウェブのように、フィラメントやより糸を形成する。そのとき、銀河や銀河団を並べる傾向がある。

　宇宙における最もショッキングな物質の分布の特徴は、そのフィラメントのような並び方である。そのフィラメントは、銀河の光輝な輝く房のようなもので、巨大な宇宙ウェブを織り成している。

　ペルセウス座魚座超銀河団以上に、鮮やかなところはない。銀河のこの巨大な鎖のようなものは、北半球の夜空の50°以上に亘って広がっている。川の支流のように、さらに小さいフィラメントのネットワークによって、給水されているようだ。これらのフィラメントの中に埋め込まれているものは、銀河の密度の濃いグループと銀河団である。それらの間には、光輝なボイドがある。

　我々が住むミルキーウェイ銀河は、ラニアケア超銀河団として知られる同様の構造の周辺にある。ラニアケアは、ハワイ語の「巨大な天空」を意味する。それは、約10万個の銀河があるところで、フィラメントのもつれた結び目であって、端から端まで5億光年の広がりをもっている。ハワイ大学天文学者ブレント・タリーをリーダーとする研究者グループは、2014年にラニアケアを発見した。それは、あなたの郷里が、実際は、

第17章　何故、銀河は並ぶのか？

他の国々と接するもっと巨大な国の一部であることに、初めて気づいたことに類似している。

　我々が見るところは、どこでも、銀河がこのようなフィラメントを織り成している。しかし、銀河は、ただ、宇宙ウェブを照らしているだけではなく、それらは、宇宙ウェブを形作っていることがわかった。


## 星 が並ぶとき

　南北戦争の後10年以内の1874年、誰も銀河が何であるかをはっきりと知るずっと前、天文学者クリーブランド・アッビは、当時、知られていた銀河のような「星雲」は、宇宙においてどのような起源をもっているのかを不思議に思った。

　この問題に答えるために、アッビは、ジョン・ハーシェルの有名なカタログ *Catalogue of Nebulae and Clusters of Stars*『星雲と星団のカタログ』内の59個の最も広がった銀河を選んだ。そして、その伸びの方向を測定した。彼の驚くべき結論は、その星雲は、ミルキーウェイ銀河に関して言うと、ある方向を向いているようだというものだった。しかし、彼の研究は、ほとんど注意を引かず、すぐに忘れられた。アッビは、気象学に移り、こちらで大きな成果をあげた。

　40年後、アメリカ人天文学者エドワード・ファスが、アッビの問題を再度考えた。ウィルソン山天文台で撮られた、写真乾板上の数百の銀河の方向を測定した後、彼は1914年に、それらは、デタラメな方向を向いているようだと報告した。

187

その後、激論が数十年間続いた。英国人アマチュア天文学者フランシス・ブラウンは、彼の余暇に、銀河の並びについての研究を30年以上続けた。1938年から1968年の間に掲載された多くの論文の中に、夜空のある地域においては、銀河の方向は、デタラメであることから程遠いという証拠を出した。しかし、多くの天文学者は、依然として懐疑的で、その結果は、計測エラー、選択効果、あるいは、心理的偏りの賜物であるようだと暗示を与えた。

　その後1968年に、ウェズリアン大学のグンムルル・サストリーは、間違いなく、幾つかの銀河の方向は、明らかにデタラメではないことを示した。サストリーは、銀河団の中心にある巨大な楕円銀河は、宇宙における最も光輝な大きいもので、それを含んでいる銀河団と同じ方向に引き伸ばされているという、顕著な傾向をもっていることを発見した。例えば、銀河団が南北に引き伸ばされているとすると、通例、その最も光輝なメンバーの銀河も、同じ方向に伸びている。もし、銀河が人間であると仮定すると、心理学者は、これを反射行動の典型的な例と呼ぶだろう。

　サストリーの結論は、わずか5個の銀河をもとにしていたが、他の天文学者が、その後、もっと大きいサンプルで、彼の結果を確認した。ハッブル宇宙望遠鏡を使った最近の研究は、この銀河の並びは、数十億年前にも存在していたことを明らかにした。なお、ハッブル宇宙望遠鏡は、その解像度の高い画像から、宇宙のはるか遠くを見ることによって、古い過去を観測できる。

第17章　何故、銀河は並ぶのか？

さらに多くのことがある。

1981年、スイスのバーゼル大学のブルーノ・ビンゲリは、銀河団もデタラメな方向を向いていないことを示した。その代わり、それらは、近隣の銀河団を指す顕著な傾向を見せている。ビンゲリの発見は、エストニア人天文学者ジャアン・エンナスト、ミハケル・ジェエヴィアー、そしてエン・サアーによって、2〜3年前に予想されていた。彼らは、ペルセウス座魚座超銀河団の中の銀河団は、それらに橋をかけているフィラメントと同じ方向に、引き伸ばされていることに気づいた。そして、1980年に『マンスリーノーティシズオブザロイヤルアストロノミカルソサイアティー』に掲載された論文の中で、そのように提案している。その論文では、超銀河団の中の銀河団の方向は、超銀河団の顕著な形態学的性質であると言っている。

数億光年に亘る銀河と銀河団の並びは、幾つかの銀河の内部地域が、一つの銀河のサイズの1,000倍以上の大きさの規模で、それらの周囲に並ぶことを意味する。これは、これらの物質の誕生と進化が、宇宙のウェブによって、強く影響されていることを暗示している。

## 流れを持って動いている

銀河は、人々のように、環境の産物である。例えば、楕円銀河は、普通、グループ、あるいは銀河団の中でごちゃごちゃに集まる。一方、渦巻銀河は、十分な空間をもつことを好む。

環境も、また、明らかに銀河の方向に対して役割を果たしている。これが、どのようにして起こるかについて、二つの主流の理論がある。一つは、銀河は、環境に平行して生まれるというもので、もう一つは、並びは、後日銀河が要求した何かであると仮定している。

　銀河は、その方向を幾つかの方法で獲得するようだ。大きな銀河は、小さい銀河を捕食することによって成長する。その過程は、天文学者が融合と呼ぶものである。しかし、融合はデタラメではない。コンピュータシミュレーションによると、重力が物質をフィラメントに沿って確保したとき、明確な方向によって、融合は最もよく起こる。これは、これらの捕食上の環境に組み込まれた記憶を銘記している。それが、周囲の宇宙のウェブに反映している。ある意味で、大きな銀河は、獲物を待つ蜘蛛のようである。それらが捕食するのは、虫ではなく小さい銀河であるが。そして、それら大きな銀河が存在するウェブは、円形よりも楕円形に引き伸ばされている。

　代わりになるものとして、十分な時間が与えられると、重力の容赦のない引きが、ゆっくりと銀河の方向を環境と平行になるまで変える。理論的な計算とコンピュータシミュレーションは、宇宙の年齢よりも短い時間規模で、これが起こることを示している。このことは、たとえ、銀河が当初環境と平行していなくても、今日までに、そのラインに沿うようになったことを意味する。

　科学ではよく見られるように、銀河の並びに対する一つ以上の説明がある可能性がある。それは、フィラメントに沿って融

第17章　何故、銀河は並ぶのか？

合して、重力効果でねじ曲がり、最終的な状態になるという説明である。

## 宇宙的調和にはもっとあるのか

「物事には、そのようになる方法がある。何故なら、それらは、そのようになった方法があったからだ」と一匹狼の天文学者フレッド・ホイルは名言を言った。

　より糸の一番薄いところで始まって、重力はゆっくりと荘厳な美しさと複雑さをもった宇宙のウェブを織り成した。一番薄いところは、物質の原始的分布内で、ちっぽけな不規則性をもったところである。巨大規模で物質のフィラメント分布は、ただ、銀河と銀河団によって追跡できるだけでなく、それらの方向にも影響されていると考えることは、驚異的なことである。

　その並びは、他の規模まで広がっているかもしれないという興味をそそる証拠がある。2014年、ベルギーのリージュ大学ダミエン・フトセメカーを代表とする研究者チームが、幾つかのクエーサーの回転軸は、数十億年の距離を隔てていても平行で、それらは、それを取り巻くフィラメント構造と同じ方向を維持していると報告した。

　これが確認されると、宇宙のウェブは、クエーサーを起動させている巨大質量ブラックホールにも影響を与えたことを暗示している。それは、宇宙における構造の顕著な首尾一貫性の証拠になる。

# 何故、銀河は引き伸ばされるか？

大部分の銀河は、その形状において引き伸ばされていて、丸いものは稀である。しかし、何故。

銀河の画像は、その星の動きのスナップショットである。時間的には、一瞬の静止画像である。ミルキーウェイ銀河のような渦巻銀河は、回転に対して平らな形状をもっている。ちょうどピザ生地のボールが、回転するとき平らになるように、渦巻銀河の星も、それが回転するとき、薄いディスクの中に広がる。時速80万kmで動いているので、太陽は、その誕生以来、ミルキーウェイ銀河を24回近く回った。

一方、楕円銀河は、ほとんど、あるいは全く回転しない。その銀河にある星は、ミツバチが巣の周りに集まるように群がっている。それぞれの星は、外見上、デタラメな軌道をとっているように見える。しかし、これらの軌道は、いつも一つの方向に引き伸ばされる。それで、その銀河を中心の光輝なフットボール型に引き伸ばす。


# 宇宙の剪断を傷つける

一人の天文学者の信号は、他の天文学者にはノイズである。

シャルル・メシエは、深淵の宇宙にある天体の有名なリストを編纂した。それは、彗星ハンターが時間の浪費を避けるためであった。19世紀のオーストリア天文学者エドムンド・ワイスは、小惑星を「Vermin of the sky（夜空の害虫）」と呼んだ。

第17章　何故、銀河は並ぶのか？

何故なら、長く露出した写真に、それらの軌跡が写るので、汚点と考えられた。そして、銀河の並びも、幾人かの天文学者には、迷惑行為となった。

重力によって光が曲がる重力レンズ効果が、宇宙論にはパワフルな道具になった。遠くの銀河から来る光が、宇宙空間を旅するとき、見えるものも見えないものも含めて、物質の重力的引きが、その軌道を変えさせる。これが、夜空において、銀河がお互いすぐ近くにあるとき、少し引き伸ばされて並んでいるように見える原因である。天文学者は、この歪みを「宇宙の剪断」と呼んでいる。

それは、ほんのわずかな効果ではあるが、たくさんの銀河の形状と方向を注意深く計測すると、天文学者は、ダークマターの量と分布を推測することができる。ダークマターとは、宇宙における神秘的な物質で、宇宙の大部分を構成している。

しかし、宇宙の剪断研究の重要な仮定条件は、銀河の方向は、本来デタラメであるということだ。どのような明らかな並びも、重力レンズ効果の結果である。巨大楕円銀河に見られるような物理的な並びは、宇宙の剪断と複雑な解析による変装である。

だから、本来の並びは、環境がどのように銀河の形状をつくるかについて、重要な手がかりを与えるが、宇宙の内容物であるダークマター分布星図作成目的の天文学者には、それらは意味がない。

# 宇宙をシミュレートする

1941年、それはディジタルコンピュータ発明の4年前だった。スウェーデンのルンド天文台のエリック・ホルムバーグが、衝突する銀河の最初のシミュレーションを行った。彼は、コンピュータのパワー不足を彼の天才的なパワーで補った。

天体の重力的な引きと見かけの明るさは、両方とも、距離の2乗に反比例するので、ホルムバーグは、重力の代わりに光が使えることに気づいた。それぞれ37個の白色電球の明るさをもった二つの銀河を考えて、異なった位置での明るさを測定した。そして、重力の強さと方向を決定し、その動きをそれに応じて調整した。粗野であったけれど、ホルムバーグの擬似計算は、銀河融合の頻繁性に多くの見地を与え、接近遭遇が渦巻きの腕を形成することを提案した。

天文学者は、その後すぐに、ディジタルコンピュータを使い始め、アクセスできるものを超えて、徹底的にイベントとタイムスケールをシミュレートした。1970年代、アラーとジュリ・トームレ兄弟は、銀河融合の数多いシミュレーションを行った。それは、各銀河を相互作用する粒子の群と見て、コンピュータによって各粒子の軌道を計算した。当時、可能であったパワーは、追いかけられる粒子の数を制限したけれど、これらのシミュレーションは、銀河の融合はありふれたことで、渦巻銀河の融合は、楕円銀河に見えるものを形成することができることを明らかにした。

コンピュータパワーが増加すると、天文学者の野心も増加

した。最新のコンピュータのお陰で、驚くほど詳細なところまで、巨大なボリュームの宇宙の進化をシミュレートできるようになった。それには、数兆個の粒子を使って、輝く物質とダークマターの両方を表現している。当初の条件の幾つかの仮定から始まって、天文学者は、時間を前方に進ませて、シミュレーションを行って、銀河の予想された分布と性質の今日と当時について、観測から得た結果を比較するものを見ることができた。このようなシミュレーションは、宇宙がどのようにして、今日の状態になったかを理解するための価値ある道具になった。

## とてつもなく巨大な銀河

人々は、形状とサイズの広範囲に気づくようになった。ギネス世界記録によると、最も体重のある人は、アメリカ人のジョン・ブラウアー・ミンノックで、635kgである。一方、最も体重の少ない人は、メキシコ人女性ルシア・ザラテで、矮少発育症に苦しんでいて、大人であるにもかかわらず、体重はわずか6kgである。だから、ミンノックの体重の1％以下である。

しかし、銀河と比較できるものは何もない。一番大きな銀河の質量は、一番小さい銀河質量の100万倍、あるいはそれ以上である。多くの銀河団の中心にいるのは、宇宙で知られている一番大きな銀河である。それは、巨大楕円銀河で、容易に近隣の小さい銀河を捕食できる。そして、多分、そのようにしてきた。これらの巨大銀河が、その周辺と強く並んでいるのは、偶然ではない。

# 第18章　10万個の近隣銀河

　小さい銀河のグループが、大きな銀河団に結合し、1億1,000万光年の幅をもつ、相互に結合した銀河の巨大なネットワークを形成する。

　ミルキーウェイ銀河は、ローカルグループと呼ばれている銀河の群がりの中央近くにある。この集まりは、1,000万光年の幅をもち、ローカル、あるいは、乙女座超銀河団と呼ばれる銀河の集まりの端にある。

　英国人天文学者で、父と子のデュオであるウィリアムとジョン・ハーシェルは、18世紀と19世紀に、夜空の全てに彼らの望遠鏡を向けた。それは、星雲と呼ばれている天体のサンプルの収拾であった。「ネビュラ（星雲）」という言葉を使うとき、それらは、我々が今日意味するものをいつも意味しなかった。それらは、単に、彗星ではないが、それにもかかわらず、ぼんやり見える天体を意味した。そして、彼らは、すべてのこれらの星雲は、ミルキーウェイ銀河内にあると考えた。

　1864年の彼らのカタログに、ジョンは、乙女座の周りの地域には、さらに多くの星雲が群がっていると記述している。フランス人天文学者シャルル・メシエは、1世紀前に、このような構造を記述したが、その理由は、曖昧なままだった。

　1920年、「Great Debate（世紀の大論争）」が、星雲の性質を解明するために起こった。アメリカ人天文学者ハーロー・シャ

第18章　10万個の近隣銀河

プレーとヒーバー・カーティスが、これらの天体は、近くにある雲を表すのか、それとも距離が遠いのでぼんやりと見えるだけで、それらはそれ自体、銀河であるのかについて議論した。それで、後半の理解が勝利を収めた。なお、「世紀の大論争」については、拙書『ミルキーウェイ銀河』第1部「銀河」第1章「銀河観測史」「世紀の大論争」に詳しく書いているので、参考にされたい。しかし、何故、これらの銀河は、乙女座の周りに群がるのか。偶然なのか、それとももっと何か理由があるのか。

　1950年代、フランス人天文学者ジェラルド・デ・ヴォークールーが、これら乙女座の銀河が、どのように宇宙を動くのかを観測した。奇妙にも、それらは、同じスピードで、我々から遠ざかっているようだった。そして、それぞれ、我々に対して本当に近くにいるようだった。天文学的用語では、これらは、劇的に関係していると言う。1953年、デ・ヴォークールーは、この集まりに「ローカル超銀河」という名前を付けた。5年後、彼はその名前を「ローカル超銀河団」に変えた。

　望遠鏡がさらにパワフルになったとき、天文学者は、より大きな探査をすることができ、さらに多くの銀河とその動きをカタログ化した。これらがより大きな画像を生んだ。宇宙の平面に沿って、銀河の集中があった。ミルキーウェイ銀河の大部分の星は、ちょうど薄い赤道付近のディスク内にあるように、ローカル超銀河団内の大部分の銀河は、その赤道に沿ったところにいると天文学者は言った。銀河の中の星団、銀河団の中の銀河団、そして、超銀河団の中の銀河団の銀河。そして、

我々の超銀河団の中心が、乙女座の夜空の点を分かち合っている。

　ミルキーウェイ銀河の端に、もう一個ミルキーウェイ銀河を置くという方法で、1,000個のミルキーウェイ銀河を並べると、それは1億光年の幅をもち、我々の超銀河団のサイズになる。我々の超銀河団内の光輝な銀河の3分の2は、その赤道付近のディスク内にある。残りの3分の1の銀河が、ミルキーウェイ銀河の周りに、球状星団が広がるように広がっている。総合的に、太陽質量の$10^{18}$倍の質量が、我々の宇宙の巨大な街を満たしている。しかし、その質量の多くが、光っているわけではない。ちょうどダークマターが宇宙に充満しているように、そのダークマターが、その巨大な街を埋め尽くしている。依然として、宇宙的な規模で話すと、多くのよく光を出している天体は、二の次になっている。


## 隣人に会う

　我々に一番近い、たぶん1,100万光年の彼方に、マッフェイ銀河団1とマッフェイ銀河団2がある。近隣であるけれど、1968年まで我々は気づかなかった。何故なら、それらは、ちょうどミルキーウェイ銀河の平面の背後にあるからだ。だから、我々の銀河をつくっている物質が、マッフェイ銀河団を構成するものからの光を圧倒していた。しかし、イタリア人天文学者パオロ・マッフェイが、真の星雲であるIC 1805を見たとき、奇妙なものに気付いた。その近隣の天体であるマッフェイ

第18章　10万個の近隣銀河

銀河団は、赤外線光で輝いていた。それは、ミルキーウェイ銀河によって曇らせられた銀河であると推測した。過去20年間で、さらに17個のそれに関係した銀河を発見した。

　100万光年の彼方に、彫刻室座銀河団を容易に見つけることができる。2011年から2013年に、オーストラリア国際センター電波天文学研究所のトビアス・ウェストマイアーをリーダーとする天文学者グループは、如何に高速水素雲（HVCs）が、メンバーである銀河 NGC 55 と NGC 300 を濃厚にするかを研究した。高速水素雲（HVCs）は、銀河の周りを回っていない。その代わり、ミサイルのように外から来て流れ込む。天文学者は、高速水素雲（HVCs）は、銀河がガス欠になったとき、さらに多くの恒星を形成するために、燃料を供給していると考えている。しかし、高速水素雲（HVCs）は、何処かから来るに違いない。

　ウェストマイアーが研究したとき、2つの理論が連立した。それで、彼はどちらが正しいかを知りたかった。1つの理論は、高速水素雲（HVCs）は、超新星爆発によって銀河から打ち出されたガスの塊であるという。もう1つの理論では、高速水素雲（HVCs）は、恒星を形成しなかったガスとダークマターによって充満した小型銀河であるという。「その近接性のため、彫刻室座銀河団は、この研究に対して最も良い選択である。近いから、可能性のある高速水素雲（HVCs）を探知するために、十分な解像度と感度で観測できる」とウェストマイアーは言う。

199

# 普通でない推測

　セントールスA銀河団は、彫刻室座銀河団と同じ距離の、地球から約1,200万光年の距離にある。その銀河団の顕著な銀河であるセントールスAは、一番近い電波銀河である。この大質量の天体は、約5億年前に渦巻銀河を飲み込んだ。けれども、その食欲は現在も健在で、それは宇宙空間へ噴射している電波源である。セントールスAは、ミルキーウェイ銀河とアンドロメダ銀河が、今から約40億年後に衝突したとき、その後の様子を示す例である。

　もっとよく見て確認できるM81銀河団は、同じ距離にある。大熊座とキリン座の境界内に位置するM81銀河団は、太陽質量の1兆倍の質量をもち、34個の知られた銀河を含んでいる。その銀河の中の最も有名なものは、M81とM82である。その2つの銀河がタッグを組んで、M82を恒星形成工場にしている。その銀河の中心は、水素ガスが、銀河間空間からその重力的な中心に向かって落ち込んでいるので、ミルキーウェイ銀河の中心より、100倍以上明るく輝いている。

　この喧騒のいくつかを引き起こしている銀河であるM81は、その銀河団において、一番大きい銀河というタイトルを保持している。その完全な渦巻きの腕の中央に、太陽質量の7,000万倍の質量をもつ巨大質量ブラックホールが潜伏している。

第18章　10万個の近隣銀河

## 混沌とした集中

　M81銀河団内の秩序とは対照的に、猟犬座1銀河団は、混沌としたように見える。この銀河団は、猟犬座と髪の毛座内に見え、1,500万光年の距離に位置している。猟犬座1銀河団のメンバーは、お互いが弱い重力でのみ繋がっている。その近隣の20個の銀河のすべてが、安定した軌道上を動いているわけではない。それらは、弱く重力的に結合しているようである。

　数百万光年遠くの大熊座の方向に、M101銀河団が、同じように弱い重力で繋がっているようだ。この銀河団と同名のものが、ファミリーを形成している。その銀河団の他の銀河の大部分は、単に、このミルキーウェイ銀河そっくりな銀河の伴銀河にすぎない。17万光年の幅をもつM101は、しっかり曲がった渦巻きの腕をもち、太陽質量の1,000億倍の質量の物質を保有している。

　南西20°以内に、猟犬座2銀河団を見つけることができる。これは、地球から3,000万光年の距離にあり、この銀河団の最大で最も有名なメンバーはM106である。この銀河内の水蒸気が、マイクロ波放射をパルスで送り出している。

　その銀河は、また、目で見えるセフィード変光星を含んでいる。セフィード変光星は標準燭光である。天文学者は、セフィード変光星の予想される光度の変化を利用して、距離を決定することができる。これらの恒星は、周期的に点滅するクリスマスライトのように、周期的に光度を落としたり、光輝になったりする。そして、その周期が、その恒星の絶対光度を明

201

らかにする。これと恒星の見かけの光度を比較して、天文学者は、その恒星がどのくらい遠くにあるかを計算することができる。従って、M106内のセフィード変光星が、宇宙の距離基準の目盛りを定める。

## 1つの環が全てを制御する

　獅子座にあるM96銀河団は、3,600万光年の彼方にあり、多くの大きくて光輝な銀河を12個持っていて、それらの銀河の直径は3万光年以上である。2010年、その銀河団は、天文学者が、如何にして銀河が形成されるかを研究する手助けをした。それは、その銀河団の周りを一周する65万光年幅の冷たいガスの環のお陰であった。30年間、誰も、それが何処から来たか、あるいは、正確に何であるのかを理解できなかった。

　そこで、リヨン天文台の天文学者をリーダーとする研究者チームが、その環の性質を理解しようとした。その研究者グループは、それ自体が原始的なガスであることを明らかにするだろうと考えた。原始的なガスとは、別の銀河の内部には決して存在することはなく、現在の状態では、恒星に変換できないガスである。形成される銀河に対して、天文学者は、低温原始ガスは、初期の成長を促す手助けとなる栄養素の高い食べ物のように、その天体の中へ落ち込むに違いないと考えている。しかし、どの望遠鏡も、成長する銀河の周辺に、このように古い原子を見ていない。これらの科学者が考える獅子座の環は、そのようなものかもしれない。

第18章　10万個の近隣銀河

しかし、彼らが、望遠鏡をそれに合わせたとき、光輝な可視光線を発見した。その可視光は、大質量の若い星が発する光のようである。定義によると、原始的なガスは、そのような星を形成できない。それで、彼らは新しいミステリーに出会った。

コンピュータシミュレーションを使って、その研究者チームは、次のようなことを発見した。その環は、途方もない衝突から残された傷を表している。その衝突は、10億年以上前に、NGC 3384とM96がお互い正面衝突したものである。NGC 3384は、この銀河団の中央にある楕円銀河で、M96は、周辺の渦巻銀河である。1つの銀河から、そこのガスが吹き飛んで、最終的に、環を形成したようである。


## 最大で最悪

ミルキーウェイ銀河が含まれる「ローカル超銀河団」の最も重要な銀河の集合体である乙女座銀河団は、地球から約5,500万光年のところに中心を持つ。その名前が暗示するように、乙女座の方向に、その中心を見つけることができる。前述の貧弱な十数個の銀河団や超銀河団と比較すると、乙女座銀河団は、1,300個、あるいは、2,000個の銀河団をメンバーに持っている。そこは、太陽質量の$1.2 \times 10^{15}$倍の質量をもち、720万光年幅で伸びている。

これらの銀河の間には、銀河間をさまよう恒星のセットが存在している。それは、銀河団数の10%くらいある。球状星団、母銀河から引き裂かれた小型銀河、そして、少なくとも1つの

203

恒星形成領域が、銀河間に存在している。高温のX線放射ガスが、これら銀河間をさまよう恒星のいる宇宙空間を伝搬している。

　乙女座銀河団は、非常に大きいので、実際には部分的な塊をもっている。乙女座銀河団A、乙女座銀河団B、そして乙女座銀河団Cがある。乙女座銀河団Aは、支配的で、他の2つの銀河団の10倍の質量を含んでいる。これら3つの銀河団は、最終的に1つの銀河団に合併するだろう。これらの部分的な銀河団は、合体するに違いないので、天文学者は、乙女座銀河団は若く、その輪郭を依然として形成中であると推測している。

　乙女座銀河団の中心で、乙女座銀河団Aの中心に、巨大楕円銀河M87がある。M87のような光輝な銀河が、乙女座銀河団を埋め尽くしている。それらは、実際、メシエとハーシェル父子が、最初に銀河団が存在する証拠に気付いた銀河の集中である。メシエの発見した15個の天体は、この集合体の中で発見されている。そして、多くのそのメンバーを見ることができる。その中に、M84、M86、M87、そして、ソンブレロ銀河（M104）とブラックアイ銀河（M64）が含まれ、中型の望遠鏡で見ることができる。

　乙女座銀河団は、そのように多くの銀河を地球からほぼ同じ距離に持っているので、天文学者は、その銀河団を実験室として使って、銀河の進化について研究している。地球外知的生命体であるエイリアンが、ちょうど、1つの家族よりも、異なった人々で満員になったスタジアムを見ることによって、人類の発展について多くを学ぶように、天文学者も、乙女座銀河団内

の銀河団のような巨大な一群から、銀河について多くを学ぶことができる。

　天文学者が最近学んだことの１つが、恒星形成についてである。特に、多くの天文学者が予期したように、素早く形成されない恒星についてである。2014年の研究では、飛行機を揺さぶるような乱流が、乙女座銀河団の中心で、恒星形成を揺さぶって、数十億年間、それを高温に保っていることを発見した。銀河の中心にある、活動的なブラックホールからの、パワフルなジェットによるその乱流が、そこのガスが、恒星を形成するために十分に安定することを妨げている。

　「このような遅い動きの中のエネルギーは、異常に温度を下げ、恒星を形成することから、ガスを十分にストップさせる以上のものがある」とある天文学者は言う。銀河の中心や銀河団の中心で、何故、恒星が形成されるのをストップさせるかを理解することは、天文学者が、如何にして、それらの銀河が進化し、ミルキーウェイ銀河や銀河団の生命体が誕生するかを理解する手助けとなる。

## 魚と熊

　さらに外部へ進むと、5,900万光年の彼方には、旗魚座銀河団がある。この大きな集合体は、南天の旗魚座の方向で、70個の銀河からできている。旗魚は、マヒマヒのような種類の魚である。その最も顕著なメンバーの１つであるNGC 1483は、光輝な中央のバルジと若い星団を示している。

ほとんど同じ距離であるが、大熊座の方向に、2つの銀河団が、はっきりとした帯を形成している。その主要な銀河の大部分は、渦巻銀河で、これらが小さい銀河と結合して、乙女座銀河団の光の30%で輝いている。30%というと、それほど印象的な響きはないかもしれないが、大熊座銀河団は、乙女座銀河団のわずか5%の質量しかもたない。

32個の銀河が、大熊座北銀河団に存在する。そこには、光輝な渦巻銀河 NGC 3631、渦巻銀河 NGC 4088、渦巻銀河 NGC 3953、そして渦巻銀河 M109 が含まれている。メシエカタログの109個の天体の中では、これらはあまりにも遠すぎたので、18世紀の望遠鏡では、この点を超えた天体は識別できなかったことを意味する。しかし、現在、地球上の大きな望遠鏡と宇宙にある望遠鏡が、数十億光年よりさらに遠い銀河を見せてくれる。


## 照準へ動く

しかし、それらの銀河をカタログ化するための分類は、いつも問題になった。それらは、それら自体、我々の銀河と比較して異なっているように判断される。そして、フェイスオンの渦巻銀河は、エッジオンに見える渦巻銀河とは全く異なって見える。我々はただ、スクリーンの上に投影されたとしても、銀河の真の3D画像というよりむしろ、2Dの感覚しかもたない。問題が、特に、渦巻銀河や回転楕円体銀河のような、ディスク状銀河に対して顕著に現れる。けれども、どのように恒星が動

くかを見ることによって、その違いを語ることができる。もし、それらがゆっくりと乱れた回転をするならば、それらはディスク銀河である。

オーストラリアのシドニー大学のニコラス・スコットをリーダーとする天文学者チームは、6,200万光年の距離にある炉座1銀河団内の恒星の動きを研究し始めた。彼らは、その銀河団の銀河の93％が素早く回り、7％がゆっくり回っていて、前者は渦巻銀河で、後者は回転楕円体状銀河であることを知った。この研究と、乙女座銀河団内の大きなものを含む、他の銀河団研究を結合すると、スコットの科学者チームは、その回転楕円体銀河は、その銀河団の中心近くに寄る傾向にあることを発見した。その理由は、そこで形成されたか、あるいはそこへ移動したかである。

「長い間議論されてきたアイデアの1つが、銀河の進化における『性質』対『養育』問題である」とスコットは言う。今日の銀河の見かけは、初期宇宙における、その性質によって完全に決定されるのか、それとも、その環境が役割を果たすのか。「この研究は、少なくとも幾つかの銀河に対しては、その環境が重要な役割を果たす。多くの問題が依然として存在するが、その中で、銀河団問題は解答できる」とスコットは付け加えた。

宇宙について、いつもさらに多くの問題がある。それらは、その恒星、銀河、銀河団、超銀河団、そしてそれらを超えたものである。そして、宇宙は銀河団の中へ組織化されるので、その構成物は近くにいる。天文学者は望遠鏡を動かして、変化に

富んだスタジアムを発見することができる。彼らは、さらに遠くの宇宙がどのようであるかを学ぶばかりではなく、宇宙がかつてどのようであったか、宇宙がどのようになるのか、そして何が起こって、何が近くで今後起こるのかを学びたいと考えている。

# 第19章　1兆個以上の銀河

　天文学者は、宇宙において以前の推定による銀河の数は、少し外れていて、1兆個以上あることを知った。

　どれだけ多くの銀河が、宇宙には存在するのか。誰も知らないが、長年、天文学者は、1,000億個が答えであると考えてきた。現在、我々は、その数はもっと大きいことを発見した。

　困惑させるパズルは続いている。何故なら、宇宙は非常に大きく、138億年に亘って非常に進化したからである。我々の多くにとって、地球上のすべての砂浜の、すべての砂粒を数えることと同じくらい困難な問題だ。

　実際、これは、ギリシャ人天文学者アルキメデスが答えた有名な問題に関係する。しかし、アルキメデスは、地球に制限しなかった。全宇宙をどのくらい多くの砂粒が満たしているかという問題に答えたかった。もちろん、アルキメデスは、我々が今日考えているよりはるかに小さい宇宙、わずか直径2〜3光年の宇宙を考えていた。彼は、『砂計算人』の中で、彼の考えた宇宙を満たすためには、だいたい$10^{62}$個の砂粒が必要であると結論づけた。『砂計算人』は、研究論文の初期の例の1つである。

　我々の興味は変わらない。アルキメデスの時代以来、物を数えるということが、人々を魅了してきたことは明らかである。我々はいつも、「どのくらいの数」あるいは「どのくらい多く」

209

を知りたいと思っている。そして、多分、最も基本的な天文学的な数えるという問題は、「宇宙にはどのくらいの数の銀河があるか」である。これは、銀河が宇宙における物質の基本的単位で、アルキメデスの砂粒にうまく関連させると、実際の意味で、宇宙を満たすからである。宇宙における大部分の他のことは、銀河に入っている。だから、どのくらいの数があるかを知ることは、すべての他のことが、付随しなければならないことから、基本的性質になる。

この問題に答えることは、さらに、宇宙の構造、その構造の進化の状態、そして、ダークマターや夜空の背景からの光といった、宇宙の多くの様相に光を当てることになる。その答えは、また、銀河は小さいところから始まり、大きくなったのか、あるいは、初めから近代宇宙で我々が見るのと同じような質量をもって形成されたのかを明らかにするだろう。

これらの問題に答えるために、天文学者は、銀河の数を計測する方法を決定するばかりでなく、正確に、この測定が意味するものを知ることが必要である。


## 汝 を数える方法は？

では、天文学者は、如何にして観測可能な宇宙の中で、銀河の数を計測するのか。単純に数えるだけである。もちろん、非常に深く、時間的にも過去に戻って、最初の銀河を観測し、その間のすべての銀河を観測するという厳密な調査を行わなければならない。それは、口で言うほど簡単なことではない。これ

第19章 1兆個以上の銀河

をする最良の機器は、そして、依然として残っているものは、ハッブル宇宙望遠鏡である。

過去30年間の他のどの望遠鏡でも、ハッブル宇宙望遠鏡のように、我々の宇宙観を変えることはできなかった。これは、特に、銀河の研究、つまり、初期宇宙以来、如何にして銀河は形成され、進化したかを探究するには真実である。この性能のため、ハッブル宇宙望遠鏡は、また、宇宙において、どのくらい多くの銀河が存在するかを決めるという話の中で、重要な役割を果たしている。

これらの最初の銀河に行き着き、それらを数える唯一の方法は、非常に深い露出を行うことである。このアイデアは、いつもハッブル宇宙望遠鏡のプロジェクトの一部であった。しかし、ハッブル宇宙望遠鏡が出て間もない頃、天文学者は、ほとんど星のない地域の深い画像を撮影することは、時間の無駄であると考えていた。彼らは、現代の宇宙論の理解を基礎にした銀河形成の背後にあるアイデアは、銀河は宇宙において、非常に遅い時期、つまり、我々の時代に近いときに形成されたと予測していることをその理由にしている。その予測が正しいならば、それらの深い画像には、ほとんど何も写っていないことになる。これは単純に、探知できる銀河が存在しないからである。

幸い、これは、ロバート・ウィリアムスを阻止しなかった。Space Telescope Science Institute（宇宙望遠鏡科学研究所）長として、彼は1995年、彼の自由裁量の時間を使って、2週間に亘って、1つの地域の深い撮影を遂行した。その結果がディー

プ・フィールド画像で、ハッブル・ディープ・フィールドというふさわしい名前がつけられた。これは、我々が以前には見たことがない、大きな広がりに対する宇宙を深く調査している。

　この画像が、何故、それほど価値があるかを理解するには、夜空を見上げて、どのくらいの数の星が見えるかを数えることを考えてもらいたい。暗い場所から、これは、幾人かの人々には、巨大な数のように見える。おそらく、数百万、あるいは数十億。もちろん、答えはもっと小さい数字である。実際、暗い場所からでも、肉眼で見える星の数は、わずか2,000個から3,000個である。これは、アメリカ西海岸のマクドナルドレストランの数と同じである。それほど多くないか、あるいはもっとあるようでもある。

　しかし、その暗い場所で望遠鏡を使ってほしい。すると、あなたが見ることができる星の数は増加する。望遠鏡は、人間の目よりも遥かに多くの光を集めることができる。したがって、見ることができる星の数が、劇的に増加する。この概念が、ハッブル・ディープ・フィールドによって得られた結果によく似ている。夜空のほとんど星のない地域に、地球上のどの望遠鏡より性能の良い望遠鏡を向けることによって、天文学者は、かつて見た以上に多くの銀河を発見した。

　しかし、ハッブル・ディープ・フィールドの地域は非常に小さく、大熊座の北斗七星近くのほんの２〜３アーク分である。依然として、この深い露出は、数千個の銀河を見せている。それは多いという響きではないが、この結果を全体の夜空に外挿すると、我々が観測できる銀河の総数は、1,000億から2,000億

第19章 1兆個以上の銀河

になる。

そのときでも、天文学者は、これは過小評価であると推測した。我々が、さらに深淵の宇宙を見れば、もっと多くの銀河を見ることができることを我々は知った。

## 他 の波長を加える

次の15年間に、さらに深淵の、そして、広域の探査がさらに良いデータを取得した。そのデータで、銀河の合計数が、ほんのわずか増加した。これは、ハッブル・ディープ・フィールドよりも長い露出は難しいからである。しかし、1つの変化があった。スペースシャトルを使った補修ミッションを行った宇宙飛行士が、ハッブル宇宙望遠鏡に、さらに良いカメラを装着した。それによって、広域が撮影でき、近赤外線画像を撮ることができるようになった。これが、宇宙がわずか10億歳くらいであったときまで遡って、どのくらい多くの質量の異なった銀河が存在したかの詳細な調査に役立った。

2009年、宇宙飛行士が、5回目と最後のハッブル補修ミッションで、広角カメラ3（WFC3）を装備した。ハッブル宇宙望遠鏡にとって最も進んだカメラを使って、赤外線波長で、夜空の比較的広い地域の非常に深淵な宇宙を撮ることができた。我々の天文学的道具へのこの追加から、銀河質量の分布を決定でき、宇宙には、もっと質量の小さい、あるいは質量の大きい銀河が存在して、銀河的時間経過において、この分布がどのように変化するのか、という疑問に答えることができた。

213

しかし、宇宙を画像に撮ることによって得られるのは、時間、あるいは空間内における、それらの分布を示さない、遠方の銀河の２次元画像である。我々が知る必要があることは、これらの銀河は、どのくらい質量が大きいか、そして空間内で、各銀河が何処に位置するかである。

　我々は、多くの波長で銀河を観測することによって、これを決定できる。いろいろなタイプの恒星が、スペクトルの異なった部分で光を放っている。だから、スペクトルを通して、各波長で銀河からの光を調査することによって、その銀河内の恒星個体数を計測することができる。さらに、その光の性質が、銀河までの距離を明らかにできる。この距離情報は、宇宙が膨張しているという事実からくる。それは、銀河のスペクトル内のドップラー効果を生み出すからだ。この効果とハッブルの法則を組み合わせることによって、天文学者は、銀河までの距離を計算することができた。ハッブルの法則は、より遠くにある銀河は、より速い速度で我々から遠ざかっていると主張している。この距離を決定するために、スペクトルの形状を使うことは、測光赤方偏移を計測することとして知られている。

　測光赤方偏移を決定するプロセスは、異なった波長における厳格なデータを必要とする。幸い、深淵の宇宙に対するハッブル宇宙望遠鏡画像内のこれらの質量と、赤方偏移の計測に使うことができるデータは存在する。これらのデータは、複数の望遠鏡から得られる。その中には、すばる望遠鏡、２台のケック天文台望遠鏡、そして、ハッブル宇宙望遠鏡によって撮られた深淵の宇宙の画像が含まれる。

しかし、このような深淵の宇宙の画像をもってしても、我々は、依然として、最も遠方にある光度の低い銀河、あるいは、少なくともその全てには到達できない。そのとき、その問題は、どのくらい多くの銀河が、発見できるかできないかの境界にあるか、という問題になる。


## 銀河の質量分布

その答えは、銀河質量の分布にある。すなわち、1つの空間の単位内に、与えられた恒星質量をもつ銀河がどのくらいあるかになる。そこで、銀河は規則的な分布をしていることがわかる。すなわち、質量の違いで、無秩序な銀河の数は存在しない。あるとき、我々が知る、あるいは知ったことは、多くのさらに質量の小さい銀河は、大質量の銀河より多く存在することである。

大質量の銀河の分布は、標準、あるいは正規分布であるが、小質量の銀河の分布は冪分布である。この冪分布の勾配は、どのくらい多くの銀河が存在するかの大部分を描写している。

天文学者は時間経過の上で、銀河の光度と質量の分布を特徴付けたい。彼らは、シェクター関数と呼ばれるもので、これを行う。それは、冪分布と我々の見る正規分布を結合したものである。

この分布は、宇宙全体のすべての環境で非常によく機能している。実際、質量の観測された分布は、現在の宇宙論モデルを基礎にした、銀河形成シミュレーションを使って予測された。

驚くことは、我々が時間的に遠い過去を見たとき、つまり、赤方偏移が高くなればなるほど、シェクター関数の勾配は、どんどん鋭くなることだ。これは、時間的にさらに昔を見ると、さらに多くの質量の小さい銀河が現れてくることを意味する。言い換えると、初期宇宙は、ちっぽけな銀河で満たされていたことを意味する。さらに大きな銀河は、宇宙的時間経過において、かなり後の時代まで、大量には存在しなかった。だから、多くの小さい銀河が融合して、さらに大きい銀河になったようである。実際、宇宙がちょうど10億歳のとき、今日存在する銀河数の10倍の数の銀河があったようだ。

　さらに、初期宇宙の銀河の高密度は、それが、我々が今日見る密度数に達するまで減少した。これは、銀河の崩壊によってのみ起こることである。すなわち、小さい銀河が、時間経過の中で融合し、その数が減少するばかりでなく、初期宇宙時代より遥かに質量の大きい銀河を形成した。

　これらは、重要な結論である。我々が、全宇宙史において、銀河数を数えるとき、合計数が2兆個に達する。これは少なくとも、我々が以前に考えていた数字より、10の倍数倍大きい。

　この発見が、宇宙における物質の量を変化させることはなく、ただ、その物質を含む銀河の数の変化であることに注意するのは重要である。我々が今日見る宇宙は、融合の結果であるので、過去における巨大な銀河数は、質量を加えることはない。質量は単に、今日我々の周りにあるよりも、小さい銀河の巨大な数の中に動くだけだ。

## 2 兆個の意味

これらの結果は、2〜3の重要な意味をもつ。まず、銀河の進化は、融合を通して起こったに違いない。宇宙の任意の容積の中で、銀河数が、このような数字まで減少するためには、他の方法は考えられない。

次に、オルバーズの逆説を考えてもらいたい。それは、「何故、夜空は暗いのか」と主張したものである。その逆説は、もし、宇宙が時間的空間的に無限であるならば、星は、夜空のあらゆる点を占めるべきである。従って、夜空は明るくなる。しかし、これは間違っている。そして、少なくとも過去200年から300年間、天文学者は、何故と問いかけ続けてきた。

銀河数に対するこれらの結果は、この問題に対して別の説明があることを示している。非常に多くの銀河が存在するので、宇宙の各点は、銀河で占められるべきだ。しかし、我々は、これらの銀河の大部分を見ていない。何故なら、人間の目は、約700ナノメートル以下の波長をもった光だけ探知できる。遠方の銀河からの目で見える光は、これらの波長では見えない。何故ならば、ドップラー効果が、この光を700ナノメートル以上の長い波長にするからである。

ドップラー効果を基礎にすると、このような遠方の銀河から見ることのできる光は、スペクトルの紫外線部分に起源があるに違いない。何故なら、地球に到達するときまでに、引き伸ばされて可視光になるからである。しかし、このような紫外線波長は、その銀河の中の、そして、銀河間の媒体にある水素に

よって容易に吸収される。

これが、天文学者が、これらの銀河を発見するために、赤外線観測を要求し、この発見には、WFC3が重要な機器であった理由である。その後、ジェームス・ウェッブ宇宙望遠鏡が打ち上げられた。ハッブル宇宙望遠鏡のこの後継者は、その先駆者よりも遥かに詳しく、我々が現在調査できる距離にある光度の低い銀河を調査するばかりでなく、遥かに遠いところにある銀河の知識を拡張するだろう。これが、我々の理解をさらに深め、疑いもなく、我々の知識をさらに正確にするだろう。その知識は、宇宙にどのくらい多くの銀河があるか、そして、宇宙論と銀河形成に対して、この数字の意味するものである。

天文学者は、宇宙の初期時代から現在までの、宇宙の完全な構図をつなぎ合わせるという仕事をしている。光度の低い、若い天体を探知する性能は、引き続き増加している。さらに詳細なデータが現れると、宇宙を描写するために、我々が発展させたモデルを創る観測に、さらによく適合できるだろう。その宇宙は、我々が知っているもので、数十億ではなく、数兆個の銀河を含む宇宙である。

この情報を使って、天文学者は、現在の宇宙がどのように進化し、正確に、どのようなところまで行くのかを、さらに正確に予測できる、より良い知識を持つようになる。

## 正規分布と冪法則分布

正規分布の中で、最もありふれた値は、平均値の周りに現れ

る。平均値は、高い値にも低い値にも偏向しない値である。正規分布の例は、1つのグループの中での人々の身長、あるいは、1つのテストにおける生徒の点数を含んでいる。正規分布が図示されたとき、それは平均値で中央の膨らみをもち、どちらの方向へも対称的に次第に小さくなる端をもつ。このカーブは、ベルのような形であるので、ときどきベルカーブとも呼ばれる。

　冪分布は、ある可能性が、他より非常に可能性が高い状況を描写している。冪分布関係を示す2つの量を比較すると、1つの量の中の変化は、他の量の中の変化、最初の変化の固定された数の冪倍に帰着される。冪分布は、物理学、宇宙論、そして生物学ではよく起こる。

# 第20章　超銀河団

　天文学者は、宇宙の巨大スケール構造について理解しようとしている。その巨大スケール構造が、どのように形成され、宇宙の膨張にどのような影響を与えているかを解明しようとしている。

　巨大スケールの中で、宇宙は、風のない午後の湖面のようにスムーズに見える。しかし、数億光年のスケールで見ると、宇宙は大きさが不揃いで、物質とボイドのごちゃ混ぜのパターンを見せている。ボイドとは、宇宙空間の何もない部分をいう。それは、形の揃わない宇宙である。

　ボイドが宇宙の大部分を占めているけれど、長いフィラメントの密度の高い領域は、何もない領域と絡み合っている。物質は、フィラメントに沿って並び、そのフィラメントは、銀河という真珠でピカピカ光っている。それは、蜘蛛の巣に捕まった水を反射した太陽光のようである。個々の銀河、銀河団、そして、さらに不可解な「超銀河団」と呼ばれている銀河団の集塊が、宇宙ウェブの中へ巻き込まれている。超銀河団は、ふつう、最低でも８個のアベル・タイプ銀河団を含んでいる。そのアベル・タイプ銀河団のサイズは、近隣の乙女座銀河団くらいである。乙女座銀河団は、約2,000個の銀河の集まりである。実際、平均的超銀河団は、直径約２億光年から３億光年の球体の中に、最大で50,000個の銀河を保有している。

第20章　超銀河団

それが、はっきりした超銀河団のパターンではなく、超銀河団が、如何にして形成され、進化し、そして夜空を横切って連結しているかという、宇宙論学者を当惑させるものがある。そして、超銀河団の分布という、さらに神秘的な見地を思考する前に、次のような疑問が湧いてくる。その外見的に不揃いの天体の分布が、宇宙の特性について、あるいは宇宙における我々の役割について、何を物語っているのか。


## 構造の探知

最初に、超銀河団の存在確認をしたのは、18世紀のハーシェル一族の星雲探査であった。そして、約２世紀後、UCLAの天文学者ジョージ・アベルが、パロマー天文台全天探査における写真乾板上の銀河団調査のとき、超銀河団のヒントを得た。

アベルは、その後、最初の銀河団カタログを出版した。宇宙には数万個の超銀河団が存在するに違いないと予想されているが、今日、天文学者は、わずか数十個の銀河団をカタログ化したにすぎない。

超銀河団が、宇宙の巨大スケール構造に、どのような影響を与えているかという研究は、断片的に進展してきた。40年前、科学者は、「宇宙は全方向において一様である。言い換えると、巨大スケールにおいて、実際より平坦である」と考えた。過去30年間に、宇宙論学者は、宇宙が平坦でないことを示す深遠宇宙の観測的な扇形イメージをもった。

221

遠くから超銀河団を見ることは、アメリカ東海岸内の都市の輪郭を描こうとすることに似ていると言う天文学者がいる。それらの境界は、はっきりしない。何故なら、フィラメントが、夜空の大きなエリアで、超銀河団に象徴的に結合しているからである。

　超銀河団の範囲を認識することは困難である。そして、この宇宙の巨大スケール構造が、スペースタイムの枠組みに、どのように伸びて行っているかを想像することは、さらに難しいことである。しかし、超銀河団は、数十億光年のスケールで組織化している。宇宙論学者は、初期宇宙の枠組みの中で、最初の波紋や揺らぎが、今日の銀河団や超銀河団を形成した根源であると考えている。

　できたての宇宙が非常に高温であったとき、その初期の空間内で、単なる無秩序な揺らぎであった初期の動揺として、これら超銀河団の燃えさしが現れた。後に、物質が、密度の高いところへ集まり始めたとき、重力がそれに取って代わった。しかし、非常に早い時期に、これらの揺らぎは、そこにあったと考えられている。

　計画された Australian Square Kilometer Array Pathfinder（ASKAP：オーストラリア平方キロメートル誘導機列）は、中性水素ガスの探知を行う予定である。中性水素ガスは、すべての銀河の基本的な構成物質である。中性水素ガスを追跡することによって、宇宙論学者は、初期宇宙の構造を見ることができる。現在建設中の次世代電波望遠鏡を使って、天文学者は、一番初めの超銀河団の形成を追跡することができるだろう。西

第20章　超銀河団

オーストラリアに設置されたそのシステムは、2013年にフル稼働した。

　天文学者は、ASKAPが発見すると期待される銀河の赤方偏移を得ることを望んでいる。赤方偏移は、速度の測定であるので、それは、必然的に、スペースタイムの伸びからきている。だから、このような測定値を使うと、天文学者は、宇宙の進化の中で、超銀河団の進化を追跡することができる。そのとき、中性水素ガスと銀河形成の間の普通の関係を知りたいと天文学者は考えている。

　近隣の乙女座銀河団のような銀河団は、その形成が始まった後、10億年間に、それ自体の重力で崩壊する。しかし、超銀河団は、依然として、形成中の、そして拡張中という過程の中にいる。実際、超銀河団は、非常に大きいので、宇宙の進化の中で崩壊するためには時間がかかる。だから、核が崩壊したとしても、外部は、まだ、崩壊していない。

## 壁とボイド

　たとえ、超銀河団が巨大質量であっても、超銀河団は宇宙で一番大きい重力をもった実体ではない。普通に結合しているように見える最大の天体は、銀河の巨大な壁である。いくつかのボイドは、そのサイズに迫るものはあるけれど、超銀河団、銀河団、そして個々の銀河は、巨大な壁を構成している。

　超銀河団構造の基本は、すでに、30年前に明らかになった。1977年のことで、エストニアで最初の巨大スケール構造につ

223

いての学会が開催されたときであった。そこで、超銀河団とフィラメントによって囲まれた低密度地域を「細胞質構造」と名付けた天文学者がいる。すぐその後、天文学者達は、「宇宙ウェブ」という言葉を使い始めたようだ。

銀河形成は、宇宙において、豊富にある超銀河団の中心のような、一番密度の高いところから始まった。ここは、物質の密度が十分に高いので、恒星形成が始まる。そして、超銀河団の中心から離れるに従って、その密度は小さくなる。

我々が、1970年代半ばに、超銀河団について研究を始めたとき、天文学者の間で大激論があった。それは、超銀河団は、周りに対して密度の高さをもった、不揃いに位置した銀河団であるかどうかについてであった。しかし、1977年の学会の後、天文学者は、超銀河団は、実際の物理的組織であることに同意した。それ以来、すべての銀河は、その組織のメンバーであるということを天文学者が確認した。ボイドの中に位置する独立した銀河でさえも、真に隔離されたものではなく、ぼんやりした銀河組織の一部分である。


## 動く巨大な塊

すべては、終わりのない宇宙ウェブの一部であるけれど、個々の銀河と超銀河団の両方とも、常時動いている。例えば、巨大スケール上で、超銀河団は、宇宙の膨張のため、銀河の動きを曲げることができる。なお、この宇宙の膨張は、ハッブルの流れと呼ばれている。それは、山中の冷たい小川の流れを妨

224

害する石ころのようではない。従って、超銀河団へ向かって動く銀河は、ときどき、局所的なスケールにおいて、ハッブルの流れを妨げる。その代わり、その膨張は、我々に向かって来るように見える。つまり、青色偏移する。

1980年代終盤、天文学者は、全体として、銀河の動きはどのようであるかということに興味をもった。彼らは、宇宙の膨張を示す部分を引き去って、特定の銀河特有の速度を計算した。言い換えると、天文学者は、他の銀河に対するその銀河の動き、あるいは、宇宙マイクロ波背景放射を記録することができた。一例として、乙女座銀河団内のミルキーウェイ銀河の動きは、見るスケールの大きさによって、次の3つの異なった動きを示している。

局所的な小さいスケールで見ると、ボイドの境界を回る壁をつくっているフィラメントに沿ったところにミルキーウェイ銀河はいる。ボイドは、超銀河団の裏面である。ミルキーウェイ銀河は、広がっているボイドの境界にある壁をつくっているフィラメント上にいる。そして、そのボイドの中心から逸れて、横道に入るような動きをしている。大きな感覚で考えると、重力は、物質をボイドから超銀河団へ向かって動かしている。

中間的スケールで見ると、ミルキーウェイ銀河は、一番近い物質の集中した部分、つまり、乙女座銀河団に向かって引っ張られている。その部分までの距離は、約550万光年である。この銀河団は、乙女座超銀河団と呼ばれている大きな超銀河団の一部である。

そして、大きなスケールで見ると、ときどき、定規座海蛇座セントールス超銀河団と称されるさらに大きい銀河団が、ミルキーウェイ銀河を引っ張っている。ミルキーウェイ銀河を含む小さい銀河団と乙女座銀河団は、この超銀河団の付属物である。

　定規座海蛇座セントールス超銀河団もまた、南天の星座セントールスの中にあり、6億光年離れているシャプレー超銀河団へ向かって、重力的に引っ張られている。そのシャプレー超銀河団の質量は、乙女座銀河団の質量の約4倍で、知られた超銀河団の中で、一番密度が高いものである。

## 巨大スケール探査の必要性

　超銀河団の動きをうまく決定する1つの道具が、巨大な夜空の地域を探査し続けている。オーストラリアにある Six-Degree Field Galaxy Survey（6dFGS：6度範囲銀河探査）は、17,000平方度、つまり、南天の80％をカバーする。これによって、南天における巨大スケール構造の最も詳しい調査を行うことができる。観測者チームは、すでにそのデータ解析に入っているが、6dFGS は、南天における400個以上のアベル銀河団を含む、約125,000個の銀河の赤方偏移を取得した。銀河を発見する主な方法は、Friends of Friends アルゴリズムである。1つの銀河を見つけ、その周りにある銀河を探す。2つ目の銀河を見つけたとき、また、その銀河の周りにある銀河を探す。そして、近隣の銀河をもはや探せなくなったとき、それらをグルー

226

プとして定義する。

しかし、夜空の広範囲を深遠の宇宙まで探査するプロセスは、本質的に骨の折れる仕事である。50年前、天文学者は、一般的な銀河の分布について、全く理解できていなかった。現在は、銀河と銀河団の両方は、高密度の領域に集まっていて、超銀河団は、銀河団の集まりではなくて、宇宙ウェブ内の高密度領域であることがわかってきた。

## 宇宙の自己相似性について

宇宙の90%はボイドが占め、残りの10%がフィラメントと超銀河団である。この割合は何を意味するか。割合が変われば、宇宙はどのように変わるのか。答えは、次元分裂図形（フラクタル）の中にあるようだ。Panoramic Survey Telescope and Rapid Response System（Pan-STARRS：パノラマ式探査望遠鏡と快速反応システム）のような深遠の宇宙探査が、実際、超銀河団が夜空にどのように分布しているかの全体像を与えることができるけれど、比較的大きい局所的スケール、つまり、1億光年から3億光年の間において、宇宙は次元分裂図形型パターンで充満しているようだ。

単純な形の中の次元分裂図形は、異なった方向において同じように見える一様でない形を表現する数学的手法である。次元分裂図形は、本質的に、無限の複雑さと自己相似性構造を含んでいる。その例の中に、木の分枝構造、珊瑚礁、人間の管、導管、脈管、血管などのシステム、海岸線、石と金属断片、山

脈、雪の結晶、そして超銀河団がある。そして、たとえ、その
パターンが、形成に対するこれらの構造的意味については、何
も明らかにできなくても、次元分裂図形は、宇宙がどのように
組織化されているかを見る奇抜な方法を提供している。

　もし、宇宙が無限なら、幾人かの宇宙論学者が考えているよ
うに、次元分裂図形は、無限のスケールまで間違いなく拡張で
きる。ただ、大部分の宇宙論学者には支持されていないだろ
う。


## 大きな構図

　哲学的用語で、宇宙について考えたい人々は、宇宙における
巨大スケール構造と極微の世界である岩石の破片の間にある組
織的観点を繋ぎ合わせるという考え方から離れるべきである。
それでも、理論家と観測者は、深遠の宇宙観測による探査を待
ち続けるだろう。さらに、より包括的なコンピュータシミュ
レーションを使って、少なくともこれら２つ以外の難問を解決
しようとするだろう。

　宇宙の巨大スケール構造は、ほんとうに理解できるのだろう
か。生命体の誕生に、宇宙の巨大スケール構造が持つ意味を理
解できるだろうか。

　宇宙の巨大スケール構造が如何にして形成され、進化し、そ
して秩序づけられたかの詳細は、向こう数十年の間に明らかに
なるだろう。しかし、宇宙の巨大スケール構造と地球上の生命
体との間の関係については、さらに時間がかかるようだ。

第20章　超銀河団

　当分の間、宇宙の組織的構造については、不可解な状態が続くようである。

# あ と が き

　私が、天文学に興味を持ち始めたのは、今から振り返ると半世紀以上前になる。そのとき、次のようなことが、天文学の大きな未解決問題だった。

　⑴　太陽系外惑星は、存在するのか。
　⑵　宇宙は、このまま膨張し続けるのか。あるいは、どこかでその膨張が止まって、その後は収縮するのか。
　⑶　地球外に、生命体は存在するのか。

　上記の3つの問題は、当時「天文学の聖杯」と言われていて、すぐには解決しそうもない難題だった。

　最初の問題については、これだけ多くの恒星があり、恒星の形成は、宇宙の何処でも同じであると考えられるので、常識的に考えると、無数にあるようだった。しかし、科学は、実証しないといけない。それで、人類の叡智が、ついに太陽系外惑星の存在を実証した。我田引水になるが、拙書『地球の影』で、太陽系外惑星発見までの経緯を記した。この問題に対して、次に来る問題は、「第2の地球はあるか?」であって、これから人類が取り組んでいくと考えられる。
　第2の問題は、意外とあっさり答えが出た。1999年に、ダークエネルギーが発見された。それは、宇宙の膨張を加速さ

せる力だった。ダークエネルギーによって、宇宙は膨張し続けるので、2つ目の問題は解答を得たと言える。しかし、ダークエネルギーとは何か？　これが、次に来る問題で、現在のところ、皆目検討がついていない。

　第3の問題も、最初の問題と同様で、間違いなく、何処かにいると考えられる。しかし、これも実証がいるので、そう簡単にはいかないようだ。また、いきなり我々人類のような知的生命体は探せないので、まずは、微生物になる。そして、太陽系を探究したところ、生命体のいそうなところが発見されたが、発見まではいっていない。


　そこで、上記の3つの問題の改訂版と追加のような問題が、その後、提起された。


　(1)　第2の地球はあるのか？

　(2)　ダークエネルギーとは何か？

　(3)　太陽系内の衛星には、地下に海を持つ天体が、数多く発見された。そこは、地球の深海に近い環境がある。だから、生命体存在の予測がある。これを実証することが、この問題の解決になる。

　(4)　ダークマターは、何でできているのか？


　4つ目の問題は、1930年代にツウィッキーが、存在に気付いたようであるが、実際に存在を証明したのはヴェラ C. ルービンで、1980年代に入ってからだった。そして、現在、ダー

クマターには質量があるので、宇宙の何処に、どの程度の質量を持ったダークマターが存在するのかといったところまでは、解明されている。しかし、どのような物質でできているのかは、まだ、わからない。この問題について、もう少し勉強したところで、一冊本を書いてみたいと考えているが、高齢ということもあって、実現不可能かもしれない。

　本書刊行に際し東京図書出版の多くの方々にお世話になりました。紙面を借りて厚く御礼申し上げます。

　宇宙歴56年（2024年）年末

# 参考文献

## まえがき
C. Renee James, Hubble Deep Field: The picture worth a trillion stars, November 2015 *Astronomy*, Kalmbach Media Co.

## 第1章　宇宙空間
David J. Eicher, A universe of galaxies, March 2019 *Astronomy*, Kalmbach Media Co.

## 第2章　銀河探査
1. David J. Eicher, Explore the world of galaxies, June 2020 *Astronomy*, Kalmbach Media Co.
2. 奥山京『天文学シリーズ4　ミルキーウェイ銀河』2024年、東京図書出版

## 第3章　銀河研究とは？
Bill Andrews, What are galaxies trying to tell us?, February 2011 *Astronomy*, Kalmbach Media Co.

## 第4章　銀河の中心部
1. Alison Klesman, Glimpsing the hearts of galaxies, March 2019 *Astronomy*, Kalmbach Media Co.
2. 奥山京『天文学シリーズ2　ブラックホールの実体』2023年、東京図書出版

## 第5章　ミルキーウェイ銀河近隣
1. Richard Talcott, Welcome to the neighborhood, March 2019

*Astronomy*, Kalmbach Media Co.

2. 奥山京『天文学シリーズ4　ミルキーウェイ銀河』2024年、東京図書出版

## 第6章　局所的銀河団

Liz Kruesi, All about our local supercluster, March 2019 *Astronomy*, Kalmbach Media Co.

## 第7章　宇宙の端

Jake Parks, At the edge of the universe, March 2019 *Astronomy*, Kalmbach Media Co.

## 第8章　銀河の相互作用

1. John Wenz, Secrets of interacting galaxies, March 2019 *Astronomy*, Kalmbach Media Co.

2. 奥山京『天文学シリーズ4　ミルキーウェイ銀河』2024年、東京図書出版

## 第9章　銀河の食い合い

1. Michael West, When galaxies become cannibals, December 2016 *Astronomy*, Kalmbach Media Co.

2. 奥山京『天文学シリーズ4　ミルキーウェイ銀河』2024年、東京図書出版

## 第10章　アンドロメダ銀河

1. Andromeda Galaxy, Wikipedia

2. 奥山京『天文学シリーズ4　ミルキーウェイ銀河』2024年、東京図書出版

## 第11章 マゼラン雲物語
1. Knut Olsen, A tale of two galaxies, November 2020 *Astronomy*, Kalmbach Media Co.
2. 奥山京『天文学シリーズ2 ブラックホールの実体』2023年、東京図書出版

## 第12章 タランチュラ星雲
Richard Talcott, Untangling the Tarantula Nebula, September 2021 *Astronomy*, Kalmbach Media Co.

## 第13章 巨大楕円銀河M87の内部
Steve Nadis, Peering inside a monster galaxy, May 2014 *Astronomy*, Kalmbach Media Co.

## 第14章 ピンホイール銀河の秘密
Rod Pommier, Secrets of the Northern Pinwheel Galaxy, March 2020 *Astronomy*, Kalmbach Media Co.

## 第15章 幽霊銀河
Adam Hadhazy, Taking a dim view, October 2018 *Astronomy*, Kalmbach Media Co.

## 第16章 幽霊銀河の発見
Jake Parks, Do all galaxies have dark matter?, March 2020 *Astronomy*, Kalmbach Media Co.

## 第17章 何故、銀河は並ぶのか？
Michael West, Why do galaxies align?, May 2018 *Astronomy*, Kalmbach Media Co.

## 第18章　10万個の近隣銀河

1. Sarah Scoles, The Virgo Supercluster: Our 100,000 closest galaxies, December 2015 *Astronomy*, Kalmbach Media Co.
2. 奥山京『天文学シリーズ4　ミルキーウェイ銀河』2024年、東京図書出版

## 第19章　1兆個以上の銀河

Christopher J. Conselice, Our trillion-galaxy universe, June 2017 *Astronomy*, Kalmbach Media Co.

## 第20章　超銀河団

Bruce Dorminey, What galaxy superclusters tell us about the universe, January 2010 *Astronomy*, Kalmbach Media Co.

## あとがき

奥山京『天文学シリーズ1　地球の影』2022年、東京図書出版

# 索引

## 科学プロジェクトと科学機器

2MASS .......................... 36, 106

6dFGS ................................226

ANGST ............................. 43

ASKAP .............................222

BUFFALO ........................... 73

CANDELS .............................2

Catalogue of Nebulae and Clusters of
 Stars ...............................187

$D_{25}$スタンダード ...................107

DECam ...............................127

DES ...................................127

FLAMES .............................133

GALEX ............................. 36

GOODS ............................. 72

HTTP ................................132

LIGO ................................. 83

LSST ................................. 43

NuSTAR .............................112

Pan-STARRS .......................227

SDSS .......................... 36, 177

SMASH ..............................128

VLA ..................................168

VLT-FLAMES .......................133

XMMニュートン望遠鏡 ........112

## あ

アンテナ銀河 ....................... 82

アントリア2 ....................... 57

アンドロメダ銀河（M31）
 .......... 14, 16, 33, 53, 55, 83,
 87, 90, 96, 117

射手座回転楕円体矮銀河
 .................... 32, 58, 88

射手座ストリーム ................ 81

イベントホライズン ............. 49

色―等級図 .......... 104, 106, 180

ウィリアム・ハーシェル望遠鏡
 ..................................169

ウェブスター・ラージ・クエー
 サー・グループ ................ 20

ウォルフ・ライエ星 .............134

動く星雲幽霊 .......................123

渦巻銀河
 ................ 30, 38, 42, 72, 80,
 143, 189
 —— M96 ........................203
 —— M101（NGC 5457）....152
 —— M109 .....................206
 —— NGC 3631 ................206
 —— NGC 3953 ...............206
 —— NGC 4088 ................206

宇宙ウェブ .................. 74, 224

宇宙の正午 .............................3

宇宙望遠鏡科学研究所 .........211

海蛇座セントールス座超銀河団
 ............................. 20
衛星銀河 .........................115
エッジオン .....................107
大犬座矮銀河 ................. 89
大熊座北銀河団 .............206
大熊座銀河団 .................206
大熊座グループ ............. 64
乙女座銀河団
 ............ 17，34，203，204，225
乙女座超銀河団
 ................... 18，20，61，75
オメガ・セントーリ .......87，113
オリオン星雲（M42）.... 119，130
オルバーズの逆説 .............217

## か

ガイア探査機 ................. 57
回転楕円体矮銀河 ............. 30
カシオペア座 .................117
旗魚座 ........................... 54
旗魚座銀河団 .................205
活動銀河核（AGN）........45，143
カニ星雲 .......................137
カリーナ星雲（NGC 3372）.131
球状星団 ....................16，94
 ── 1（G1）...........87，113
 ── 037-B327 .................113
 ── G76 .....................113
局所的超銀河団 .............63，66
巨嘴鳥座 ....................... 55

巨嘴鳥座47 ................... 87
巨大質量ブラックホール
 ...............15，17，39，45，47
巨大星雲 NGC 5471 .............156
巨大楕円銀河 M87 ...17，142，204
巨大な壁 .......................223
巨大ラージ・クエーサー・
 グループ ..................... 20
銀河
 ── ESO 306-017 ............. 85
 ── GN-z11 ..................... 70
 ── M81 .......................117
 ── M84 .....................204
 ── M86 .....................204
 ── NGC 55 ..................199
 ── NGC 300 ..................199
 ── NGC 1052-DF2 .........175
 ── NGC 1052-DF4 .........175
 ── NGC 1132 ............. 85
 ── NGC 1483 .............205
 cD ── .......................... 17
 S0 ── .......................143
 SA（s）b ── ..............106
銀河間球状星団 ................... 92
銀河グループ M81/M82 ......... 64
銀河団 ........................... 16
銀河のスペクトル ................. 27
クエーサー ............46，47，144
孔雀座インディアン座超銀河団
 ................................. 20
グリーンバレー .........104，106
クレーター2矮銀河 ............. 89

グレートアトラクター
............................... 19, 65, 67
グレートウォール ................. 18
ケック天文台望遠鏡 .............214
子犬座矮銀河 ......................... 58
恒星
　── VFTS 016 ........ 137, 141
　── VFTS 102 ........ 137, 141
恒星雲NGC 206 ....................117
高速水素雲（HVCs）.............199
黄道光 ...................................164
孤児の流れ ............................ 88

## さ

三角座銀河（M33）.... 16, 54, 60,
　103, 107, 115, 117, 152
30ドラダス ........... 119, 125, 126
ジェームス・ウェッブ宇宙望遠
　鏡（JWST）....... 4, 74, 77, 218
シェクター関数 ....................215
ジェット ...............................146
視線速度 ................................ 65
自然の光公害 ........................164
島宇宙仮説 ............................100
ジャイアント・ストリーム ....102
写真プレートH335H .........24, 25
シャプレー超銀河団 .............. 19
10キロパーセクリング ..........102
定規座海蛇座セントールス
　超銀河団 ............................226
小マゼラン雲 ........... 33, 55, 119

スウィフトBAT全天探査 ......112
『砂計算人』..........................209
すばる望遠鏡 ........................214
スピッツァー宇宙望遠鏡
　.................... 2, 37, 106, 109
スローン・グレートウォール
　（SGW）........................19, 75
星雲
　── IC 1805 ....................198
　── NGC 2070 .................135
　── NGC 5458 .................157
　── NGC 5461 .................157
　── NGC 5462 .................157
世紀の大論争 ..........26, 100, 196
正規分布 ..................... 215, 218
星団
　── NGC 2060 ........ 136, 140
　── ホッジ301 ........ 136, 140
　── ラドクリフ136（R136）
　.................... 119, 133, 135
赤方偏移 ............ 28, 46, 48, 51
セフィード変光星
　....... 11, 25, 26, 53, 100, 201
セントーリA ......................... 64
セントールスA ....................200
セントールスA銀河団 ..........200
ソンブレロ銀河（M104）.......204

## た

ダークマター
　......16, 74, 121, 171, 175, 198

239

大気光 .............................163

大小マゼラン雲 ..............16, 80

タイプ1 ...........................101

タイプ2 ...........................101

大マゼラン雲（LMC）

　.................... 33, 54, 118

楕円銀河

　... 30, 38, 42, 72, 80, 143, 189

　── M32 ...............55, 115

　── M110 .....................115

　── NGC 205 ................. 55

　── NGC 3384 ...............203

タランチュラ星雲

　.................. 119, 130, 132

チャンドラX線望遠鏡

　................. 2, 37, 142, 147

中性水素ガス ......................222

超銀河団 ......... 16, 63, 220, 221

彫刻室座銀河団 .......... 199, 200

超新星爆発 .................98, 119

　── PTF11kly ................159

　── SN 1951H ...............157

　── SN 1987A ........ 120, 123

　── SN 2011fe ..............158

　── Sアンドロメダ ..........98

　── 残骸N157B ...... 137, 140

超分散銀河 .........................170

直線偏光放射 .......................101

ディスク ......................15, 53

テーブル山座 ....................... 54

電波源

　── 2C 56 ....................101

　── 3C 48 ...................... 46

　── 3C 273 ..................... 46

特有な銀河 .......................... 31

ドップラー効果 .................... 28

ドラゴンフライ・テレフォト・

　アレー .................. 173, 176


## な

流れの場 ............................. 88

ナメクジ星雲 ...................... 76

ナンシー・グレース・ローマン

　宇宙望遠鏡 ....................... 43


## は

バー ................................. 53

ハーシェル一族 ...................221

ハーシェル宇宙望遠鏡 .............2

バーを持った渦巻銀河 ......15, 30

ハッブル宇宙望遠鏡

　.......................... 1, 211, 214

ハッブル・ウルトラ・ディー

　プ・フィールド（HUDF）......2

ハッブル・エクストリーム・

　ディープ・フィールド（XDF）

　.........................................2

ハッブル常数 ...................... 29

ハッブルタイプSc銀河 .........152

ハッブル・ディープ・フィー

　ルド ...............................212

　── サウス（HDF-S）.........1

———ノース（HDF-N）... 2, 72
ハッブルの流れ ............65, 224
バブル ........................147
パン・アンドロメダ考古学的
　探査 ........................88
低い表面光度 ....................165
ヒクソン31 ...................... 33
ビッグバン ..................12, 29
ピラー・チェーン ...............140
ファイナル・パーセク問題 .....83
フィラメント ..................186
フェイスオン ....................152
不規則銀河 .....30, 38, 54, 72, 80
フッカー望遠鏡 ..................23
ブラックアイ銀河（M64）.....204
ブルークラウド ..................106
分光器 ..........................94
ペガサス座 .........................117
冪分布 ..................215, 219
ボイド .......18, 30, 67, 186, 220
ボックグロビュール .............140

## ま

マーカリアン・チェーン ........17
マイクロクエーサー ...............112
マイクロレンズ現象
　.........................114, 123
　———PA-99-N2 ...............114
マゼラニックストリーム
　.....................89, 125, 127
マゼラン雲 .........................118

マッフェイ銀河グループ ........64
マッフェイ銀河団 ...............198
マリン1 ................. 165, 171
南超銀河団 ........................20
ミルキーウェイ銀河
　........... 14, 16, 32, 54, 61, 80,
　90, 96, 161, 225
ミルクアームミーダ ...59, 90, 93
メルニック34 ...................138

## や

融合 ....................... 79, 82, 190
幽霊銀河 ........................... 57

## ら

ラージ・クエーサー・グループ
　（LQG）............................ 20
ラニアケア超銀河団
　......................... 19, 67, 186
ラム・プレッシャー・ストリッ
　ピング .........................81
猟犬座1銀河団 ...................201
猟犬座2銀河団 ...................201
リング・オブ・ファイアー
　...............................109
リング銀河 ........................109
レオトリオ ........................ 33
レッドクランプ恒星 .............102
レッドシークエンス .............106
レンズ状銀河 ................30, 38

ローカルグループ

　　................16, 53, 61, 91, 97

ローカル超銀河団

　　..................18, 62, 197, 203

六分儀座

　　──A ...........................55

　　──B ...........................55

炉座１銀河団 ......................207

## わ

矮銀河NGC 5477 ..................153

## 人名（アイウエオ順）

アインシュタイン，アルベルト

　　...................................29

アッビ，クリーブランド .......187

アベル，ジョージ ................221

アルキメデス .....................209

ウィリアムス，ロバート .......211

ウェブスター，エイドリアン

　　...................................20

エピック，エルンスト ..........100

エンナスト，ジャアン ..........189

オールト，ヤン H ................101

カーティス，ヒーバー

　　...........................26, 99, 197

カント，イマニュエル ..........99

クリスティアン，ジェロメ .....46

サアー，エン ......................189

サストリー，グンムルル .......188

シーフィー，アブド アル ラフマ

　　ン アル ..........................97

ジェエヴィアー，ミハケル ....189

シャプレー，ハーロー

　　.....................26, 100, 196

シュミット，マーテン ..........46

スライファー，ヴェスト M

　　...........................11, 27, 99

ツウィッキー，フリッツ ........92

ディズニー，マイケル ..........161

デ ヴォークールー，ジェラルド

　　................13, 30, 62, 64, 197

トームレ，アラー ................194
トームレ，ジュリ ................194
ハーシェル，ウィリアム
　　................98，157
ハーシェル，ジョン ............187
パーソンズ，ウィリアム ...23，98
バーデ，ワルター ........101，108
ハギンズ，ウィリアム ............98
ハッブル，エドウィン
　　............11，23，38，53，85，100
ハマソン，ミルトン ..............11
ビンゲリ，ブルーノ ............189
ファス，エドワード ............187
フトセメカー，ダミエン .......191
ブラウン，ハンブリー ..........101
ブラウン，フランシス ..........188
ベル，ドナルド リンデン ......47
ホイル，フレッド ................191
ボーデ，ヨハン エラート .....130
ボールドウィン，ジョン .......101
ホルムバーグ，エリック .......194
マゼラン，フェルナンド .......118
マッセイ，フィル ................120
マッフェイ，パオロ ............198
マリウス，サイモン ..............97
メシエ，シャルル ..........97，192
モーペチュイ，ピエール ルイス
　　................................97
ラカイユ，ニコラ ルイ ド ....129
ラッセル，ヘンリー ノリス ...27
ルービン，ヴェラ C ............121
ルメートル，ジョージ ......12，28

ロバーツ，アイザック ...........98
ワイス，エドムンド .............192

奥山　京（おくやま　たかし）

三重県出身
元山形大学教授　理学博士（数学）
専門分野：無限可換群論
著書　『自叙伝　数学者への道1』（東京図書出版）
　　　『自叙伝　数学者への道2』（東京図書出版）
　　　『天文学シリーズ1　地球の影 ― ケプラーの墓碑銘より ―』
　　　（東京図書出版）
　　　『天文学シリーズ2　ブラックホールの実体』（東京図書出版）
　　　『天文学シリーズ3　太陽系探究』（東京図書出版）
　　　『天文学シリーズ4　ミルキーウェイ銀河』（東京図書出版）
　　　『飛行機旅行』（東京図書出版）

天文学シリーズ　5
## 銀河の世界

2025年1月5日　初版第1刷発行

著　　者　奥　山　　京
発 行 者　中　田　典　昭
発 行 所　東京図書出版
発行発売　株式会社 リフレ出版
　　　　　〒112-0001　東京都文京区白山 5-4-1-2F
　　　　　電話 (03)6772-7906　FAX 0120-41-8080
印　　刷　株式会社 ブレイン

© Takashi Okuyama
ISBN978-4-86641-823-0 C0044
Printed in Japan 2025
本書のコピー、スキャン、デジタル化等の無断複製は著作
権法上での例外を除き禁じられています。本書を代行業者
等の第三者に依頼してスキャンやデジタル化することは、
たとえ個人や家庭内での利用であっても著作権法上認めら
れておりません。

落丁・乱丁はお取替えいたします。
ご意見、ご感想をお寄せ下さい。